精彩案例、哲人妙語、精闢分析，
二十四堂管理課讓你成爲上司最青睞、下屬最信賴的好主管！

學管理

就是這麼輕鬆

天時不如地利，地利不如人和！

始終將員工放在首位，尊重下屬是成功關鍵

自以爲霸氣地領導著團隊，下屬其實超想打你！
渴望每個員工都愛你，有人初次見面就討厭你！
懲罰下屬搞連坐，就不要最後公司員工只剩你！
看誰都不順眼，整間辦公室最有問題的就是你！

徐博年，趙澤林 著

目錄

CONTENTS

第 01 堂課　感召 —— 用成大事的信念吸引人

第 02 堂課　熱情 —— 實現夢想的引擎

第 03 堂課　團結 —— 大家一條心，黃土變黃金

第 04 堂課　紀律 —— 工作時的必要保障

CONTENTS

第 05 堂課　尊重——每個人都渴望被重視

第 06 堂課　協調——追求 1＋1 ＞ 2 的效果

第 07 堂課　寬容——宰相肚裡能撐船

第 08 堂課　平衡——過猶不及，中庸之道

CONTENTS

第 09 堂課　原則 —— 為人處世的基準線

第 10 堂課　懲罰 —— 聲張正義的手段

第 11 堂課　批評 —— 帶有關懷的責備

第 12 堂課　細節 —— 忽略小事會誤大事

CONTENTS

第 13 堂課　激勵 —— 人的潛力是激發出來的

第 14 堂課　識人 —— 看對人就成功了一半

第 15 堂課　口才 —— 表達思維的尖刀利器

第 16 堂課　整合 —— 把自身資源優勢最大化

第 17 堂課　利用 —— 不浪費每一分時間

第 18 堂課　真誠 —— 用心去對待身邊的人

第 19 堂課　形象 —— 介紹自己最好的名片

第 20 堂課　授權 —— 把事交給合適的人去做

第 21 堂課　納諫——借別人的智慧做自己事

第 22 堂課　榜樣——成功的人總易被關心

第 23 堂課　決策——領導智慧的終極展現

第 24 堂課　價值——蘊含在體內的正能量

名言佳句

第 01 堂課

感召 —— 用成大事的信念吸引人

為團隊設定可行的目標

一個好的團隊，首先是一個有明確目標的團隊。管理是為了達到一個共同的目標而協調不同成員行為的活動，而目標就是這個活動的方向。1954 年，美國著名管理學家彼得．杜拉克（Peter Ferdinand Drucker）提出目標管理後，目標管理在實際工作中和理論界受到了廣泛的重視。所謂目標管理就是一種鼓勵組織成員積極工作的目標制定，並在工作中實行自我控制，自覺完成工作目標的管理方法和管理制度。

美國行為學家吉格．吉格勒（J. Giegler）曾說過：「設定一個高目標就等於達到了目標的一部分。」

有人做過一項調查，問團隊成員最需要領導者做什麼，70% 以上的人回答希望主管指明目標或方向。而問團隊主管最需要團隊成員做什麼，幾乎 80% 的人回答希望團隊成員朝著目標前進。由此可以看出，目標在組織團隊中的重要性。

一個團隊如果沒有了方向，就好比一艘沒有目的地的航船，在廣闊的海面上漫無目的的漂著，到達不了任何地方，而船員們只有無休止的會議、令人厭煩的討論、敷衍塞責的決定。一個強大的團隊需要的是一個堅定、明確和有可能達成的目標，管理者在組織團隊中扮演的角色就是為組織成員設定一個具體的、明晰的、有挑戰性的目標，之所以要強調有挑戰性，是因為一個具有明確的而且有挑戰性目標的團隊，比目標不明確或不具有挑戰性目標的團隊的效率要高得多。而且團隊成員往往會因為完成了某個具有挑戰性意義的目標而感到自豪，為了獲取這種自豪的感覺會更加積極地工作，從而讓團隊高效率運作。

美國摩托羅拉（Motorola）公司創始人高爾文（Paul Vincent Galvin）

經常利用有挑戰性的目標督促他的員工做一些看似不可能實現的事情。例如：1940 年代末，摩托羅拉公司剛進入電視機市場時，高爾文就為電視機部門制訂了一個富有挑戰性的目標：在第一個銷售年，以每臺 179.95 美元的價格賣出 10 萬臺電視機，還必須保證利潤。一位下屬抱怨說：「我們絕對賣不出去那麼多電視機，那意味著我們在電視機業的排名必須升至第三或第四名，而我們現在最好的排名才是第七或第八名。」還有一位產品工程師說：「我們甚至都還沒有把握能使電視機的成本低於 200 美元，但售價已經定在 179.95 美元了，這怎麼可能保證利潤呢？」但是，高爾文卻回答說：「我們一定要賣出這個數量。在你們拿出用這種價格、賣出這個數量，還有利潤的報表給我看之前，我不想再看任何成本報表。我們一定要努力做到這一點。」之後，高爾文透過員工們回饋的資訊，制定了一系列嚴格的獎罰制度，迫使員工們都為了實現上述目標刻苦鑽研、努力創新，想方設法降低電視機的生產成本。同時，他也重新審查制定了新的銷售制度，督促銷售部門在業務上投入更多的精力。不到一年，摩托羅拉公司真的實現了銷售目標，在電視機領域的銷售排名榜中升至第四名。此後，公司不斷地發展壯大，成為電子技術領域的佼佼者。

團隊目標是形成團隊精神的核心動力。身為管理者，如何激勵團隊向整體目標努力就成為一個很關鍵的問題，那麼，如何實現所設定的目標呢？我們不妨嘗試一下以下三種做法：

第一，要實現團隊目標，必須增強團隊的整合力和個體的動力。在團隊內部，首先要進行的是思想整合，增強團隊的凝聚力。只有團隊管理者在思想意識上高度統一沒有分歧，才能保證團隊內部個體力量與目標方向相同，避免「內耗」現象。其次是行動整合，實現團隊內部最大限度的融合。團隊的進步需要步調一致，在統一思想觀念的基礎上，要隨時去訓練、指導和幫助新手團隊，同時要充分發揮團隊成員的技能互補作用。最後是個體驅動，將個人的自我實現與團隊的利益相結合。個體驅動立足於員工的自尊和自我實現等心理需求，使員工渴求不斷地完善自己，將自身的潛能發揮出來，熱情主動地投入任務的完成。

第二，要實現團隊目標，必須增強團隊成員的價值認同感和共同發展意識。首先，構建學習型團隊，目的就是內強素養、外樹形象，根據實際工作需求，透過不斷學習新的知識和技能，充實自己，提升自己，以更好地滿足團隊發展需求。其次，實現人情化管理與激勵。企業的制度是硬的、冷的，原則是「方」的，必須要堅持。但在企業組織團隊中，各種形式的人情化管理又是軟的、熱的，是靈活的，是「圓」的，它對團隊達到了關鍵性的穩定作用，也能激發團隊的整體創造力。激勵是實現人情化管理的一項重要措施，來自精神和物質方面的有效激勵可以達到激發員工的個體驅動和穩定員工的作用。

第三，要實現團隊目標，團隊主管必須要有較高的個人魅力和領導藝術。無論團隊的類型如何都對團隊主管有著很高的要求。團隊領導的能力按照馬西亞（Marcia）的理論，應該具備多樣性管理的才能和技能，臨危不懼，策略機敏，勇於負責，自知之明，遠見卓識，善解人意，勇於挑戰，結果至上。團隊主管的領導藝術也非常重要。主管個人的力量是渺小的，關鍵靠團隊的員工。主管的根本職責就是要用其精湛的領導藝術為大家創造一個良好的工作環境，發揮團隊中每一成員的聰明才智和熱忱盡責。只有這樣團隊才會成為一支具有熱情與活力的團隊，團隊的力量才是無窮無盡的。團隊目標具有挑戰性，才能給下屬適當的加壓，才能激起下屬的潛能和工作熱情，才能促使下屬提升自己的能力，不滿足於現狀，從而更容易實現團隊的目標。當目標完成時，會帶給團隊成員及整個團隊一種成就感，進一步增強團隊的凝聚力。由此可見，企業領導者要想建立一支高效的團隊，首先要設定一個明確的、有挑戰性的團隊目標，為大家指明奮鬥的方向才行。

自信但不自負

生活中，如果你留心身邊人就會發現，那些經常被人欣賞、喜歡、崇拜的魅力之人，很多長相並不出眾，甚至是有些「醜」，有些人還有一些明顯的外在「缺陷」，但他們卻容易讓你記住，讓你不自覺地去關心他們的「亮點」，而忽略掉他們的不足，讓你發自內心地羨慕他們的優勢和魅力，這一切魔力的背後就是他們所獨有的「自信」。

一個人外表的美麗，會因為時間的消逝而漸漸地黯淡，但由內而生的自然魅力才是一個人魅力的源泉，這種魅力一定是建立在從容自信的基礎之上的。從容自信所賦予的光彩永遠都不會因為時間而改變。只有信得過自己的人，別人才會放心地將責任託付給他。那些缺乏膽量、對任何事情沒有主見、處理事情遲疑不決，不敢自己做主的人，讓人很難相信他能挑起重擔，獨當一面並獲得成功。

觀察一下那些成功人士或社會菁英、演員明星，哪個不是「自信」十足之人？他們的行為舉止處處展現出來的是從容、堅定、胸有成竹，正因為如此，他們在社會上所獲得的尊重、機會、關心度以及各類資源也會越來越多，而另一些人，他們的自身條件不錯，但由於缺乏自信，行為舉止展現出來的是膽小、猶豫、顧慮重重。因此，他們在社會上容易被人忽略，經常錯失良機，難聚資源，後悔、自責的事情頻頻發生。

自信，是使一個人走向成功的第一祕訣。拉爾夫・沃爾多・愛默生

(Ralph Waldo Emerson) 曾經說過：「如果你真正建立了自信，你就已經邁進了成功的大門。」

自信會使你創造奇蹟。古往今來，偉大的人物在其生活和事業的旅途中無不是以堅強的自信堅持下去的。自信，也許不一定能讓你成功，但喪失自信的人是一定難以成功的，因為他們喪失了進取的勇氣。成功學創始人拿破崙．希爾 (Napoleon Hill) 說：「自信，是人類運用和駕馭宇宙無窮大智的唯一管道，是所有『奇蹟』的根基，是所有科學法則無法分析的玄妙神蹟的發源地。」成功勵志導師奧里森．馬登 (Orison Swett Marden) 也說過：「如果我們分析一下那些卓越人物的人格特質，就會看到他們有一個共同的特點：他們在開始做事前，總是充分相信自己的能力，排除一切艱難險阻，直到勝利！」自信的確在很大程度上促進了一個人的成功，從不少人的創業史上我們都可見一斑。自信可以從困境中把人解救出來，可以使人在黑暗中看到成功的光芒，可以賦予人奮鬥的動力。或許可以這麼說：「擁有自信，就擁有了成功的一半。」

人，貴在自信，身為領導團隊的管理者就更應如此。大凡有自信的人，常常會表現出來，往往能看得出來。自信就是那綻放的笑容，輕盈的腳步。自信的人總是精神抖擻、容光煥發。說話時，信心十足；做事時，幹勁十足；相處時，輕鬆自如，平和親切；面對棘手的問題或者面臨困境，也是不急不躁、從容鎮定。這裡，需要指出的是：自信可以，但千萬別過了頭，否則就會帶來相反的效果。自信誠可貴，過之尤可怕。過於自信會變得盲目，變得自負，變得不可理喻。眼裡只看到自己的優點和長處，經常用己之長比人之短，於是會變得驕傲自大起來。接下來，就會遇到越來越多的麻煩。所以，我們要自信，不要自負。

所謂自信就是「相信自己」，一個人的自信是可以後天培養的，就像吸引力法則（Law of Attraction），如果你認為自己在某個方面特別擅長，你就會在那個方面有信心，而且會在那個方面越來越強，越來越自信。如果你認為自己某一方面很差，你就會害怕、沒有信心，而且在那個方面會越來越差，越來越沒自信。自信的氣勢、氣場，可以讓別人相信你有能力把任何事都變成現實。然而自信卻不一定需要用語言來表達，它透過你的神態、語氣、姿勢、儀態等，無聲無息地、由裡向外地散發著魅力，這種魅力的力量，不是外表的偽裝，而是發自內心對自己的信任以及對生活的信任。

生活在一個高度競爭的社會裡，企業管理者如果沒有充分的自信是很難取得成就的。自信是開啟成功的「金鑰匙」。有了它，就算身處絕境，亦能柳暗花明。自信是征途的導航燈，伴我們跨過一道道艱險的門檻。我們要學會欣賞自己，把自己的優點都找出來，在心中「炫耀」一番，反覆刺激和暗示自己「我做得到」，就能逐步擺脫「事事不如人，處處難為己」的困擾。自信不是夜郎自大、得意忘形，更不是毫無根據的自以為是和盲目樂觀，而是激勵自己奮發進取的一種心態，是以高昂的鬥志，充沛的幹勁迎接挑戰的一種樂觀情緒。自信，並非意味著不費吹灰之力就能獲得成功，而是說策略上藐視困難，從一次次勝利和成功的喜悅中肯定自己，不斷的突破自卑的羈絆，從而創造生命的亮點，成就事業的輝煌。

‖做個有氣質的主管‖

身為企業的主管，你有權管理自己的下屬和員工，但應該明白，從人格角度和自然人角度，你和員工之間是平等的，沒有高低貴賤之分，從這個意義上說，你是毫無特權可言的。甚至你手中「賞罰」的權力，都必須是在員工認可的前提下，說到底是靠不住的，當員工炒你的「魷魚」時，你會發現一切的「賞罰」都會變得毫無用處。那麼，你用什麼來展現自己的領導意圖呢？有經驗的人會告訴你：威信。

威信是一種客觀存在的社會心理現象，是一種使人甘願接受對方影響的心理因素。任何一個主管，都以樹立威信為自己的行為目標。威信使員工對主管產生一種發自內心的由衷的歸屬和服從感。這又好像有一點精神領袖的味道，實際表明，當一個組織的行政領袖和精神領袖重合的時候，那麼，這個組織的戰鬥力將得到最大的發揮。當二者不同的時候，組織中的普通人員更傾向於行政領袖，優秀人員更傾向於精神領袖。

在日常工作中，很多管理者都遇到過這樣的困惑，為什麼同樣的一個建議，在一個人的口中說出與另一個人的口中說出會產生截然不同的兩種效果？為什麼有著比他更出色才能的你，卻無法像他那樣得到團體的認可呢？你又是否意識到這種現象對你的職場有著什麼樣的影響呢？不管在哪個團體中，總有某個人充當著核心的角色，他的言行能夠被團體認可，並指引著團體的某一些決策和行動。我們可以把這種人所具備的人格魅力稱為：「領袖氣質」。具有這種領袖氣質的並不一定是高層的管理者，在任何一個團體中，小到幾個人組成的辦公室，大到一個集團，總會有一個人具有說服他人、引導他人的能力。在某種程度上，「領袖氣質」也可以被認為是人格魅力的一部分。

在實際工作中，樹立權威形象，培養領袖氣質，並不是一朝一夕的事情。身為一名管理者，應該嚴格要求自己，認真學習管理方面的知識，努力培養自身的威信和領袖氣質。以下幾點是培養領袖氣質、樹立威信的建議，希望對大家能有所幫助。

第一，誠實守信。我們正處在轉型期的社會，在權力、金錢等各種欲望的充斥下，變得爾虞我詐。「誠實」成了「老實」的代名詞，而「老實」又似乎成了「無能」的標誌。於是，一些從校園裡面出來的學生，會為找一份理想的工作，而演繹出在履歷上出現了同一所大學有三個學生會主席的鬧劇。可是這種欺騙帶來的，是對自己前途的阻礙。試想，一個欺詐而不講信用的人，連人格都讓人產生懷疑怎麼可能在他人心裡樹立權威形象呢？所以誠實守信是培養「領袖氣質」的基本條件。

第二，學會傾聽。在職場上，學會如何表現自己，是一件非常重要的事情。很多人認為「說」比「聽」更能展現自我。這並沒有錯，但是你是否想過自己所說的是否能被團隊所接受？在日常生活中，有一些人在大家展開激烈的討論時，他總是一聲不吭地在一邊靜靜地坐著，仔細聆聽著別人的發言。到最後，他才會站出來果斷地說出自己的意見。因為「聽」首先是對他人的一種尊重，同時也可以幫助你了解別人的思想，了解別人的需求，了解自己和別人的差異，知道自己的長處和不足，當掌握了一切資訊以後，你所提出的意見就會站在一個新的起點上，站在團隊的角度上。所以最後的發言在某種時候，因為掌握了更多的資訊，見解也就更深入，更權威。如果你每一次的意見都是相對正確的，那麼自然而然地在他人心中樹立起權威形象。

第三，重視別人。要讓別人重視你，樹立起你的權威形象，就必須要學會重視別人。現代社會，生活節奏加快，交流增多，「嗨」一聲就可以認識一個新朋友。也許對你來說，要記住每一張新面孔實在不是一件易事，於是，再次見面卻想不起他人名字的尷尬場景便會常常發生在我們身上。可是有誰意識到這其實是對他人的一種忽視和不尊重呢？心理學家發現，當許多人坐在一起討論某個問題時，如果在你發言中提到了多個同事的名字及他們說過的話時，那麼，被提到的那幾個同事就會對你的發言重視一些，也容易接受一些。為什麼一個稱呼會引起這麼大魔力呢？那就是「被重視」這個因素在起作用。所以，讓我們從記住別人的姓名做起，重視身邊的每一個人。才能得到其他人的重視和尊重。

第四，從大局的利益出發。一個人為人處世如果只從自己的利益出發，那就不可能得到團隊的認可。志新是一家集團的市場部的一名小組長，每個月初部門都會召集地區級主管開定價會議，可是不知道為什麼，志新提出的定價總得不到認可，甚至還遭到負責其他地區的同事的排斥，他覺得很苦惱。後來，在一次偶然的機會裡，另一個地區的主管對他吐苦水，讓他找出了原由所在。事情很簡單，因為志新所在的地區銷售情況很好，而且競爭對手少，相對而言，就可以制定一個比較高的價格。可是其他地區競爭對手的實力較強，市場的輸送量又不是很大，銷售價格如果定得高，便不可能完成銷售目標。志新只考慮到自己所在地區的情況，沒有從大局考慮，他所提議的定價自然得不到大家的認可。其實這種情況常常在我們的生活和工作中發生。因為人總是會自覺或不自覺地從自己的角度出發來考慮和處理工作，如果你學會設身處地的為他人著想，你就可以得到大家的信任。

第五，果斷地提出你的意見。如果做到了以上幾點，你就會取得大家的信任與尊重。但是如何來表現你的權威呢？這還是要把功夫花在平時，比如在說話方面一定要堅決，有些管理者，在工作中面對某些問題時，明明有自己的見解，卻思前想後，猶猶豫豫，等到競爭對手已經實施後才懊悔不已，一次一次地錯過，一次一次地失去身邊的機遇；還有一些管理者，平時說話老是模稜兩可，明明是一個正確的意見，卻讓他人產生模糊的感覺，這也會讓他人對你的權威性產生懷疑。所以，當你考慮好了，請果斷地提出你的意見。

第 02 堂課

熱情 —— 實現夢想的引擎

激發員工的活力

任何一個企業的發展都離不開員工的支援。在管理活動中，管理者應該明白，員工絕不僅是一種工具，其主動性、積極性和創造性將對企業生存發展產生巨大的作用，要取得員工的支持，就必須對員工進行激勵，調動員工積極性是管理激勵的主要功能。建立有效的激勵機制，是提高員工積極性、主動性的重要途徑。

一個團隊中，任何一名員工都會透過努力工作來展現自我能力、實現自身價值。因此，下屬的工作積極性只能保護，不能打擊。如何讓下屬的工作積極性得以充分發揮呢？作為團隊主管可從以下六點去努力。

第一，認可比批評更重要。奇異電氣前總裁傑克．威爾許（Jack Welch）說：「我的經營理論是要讓每個人都能感覺到自己的貢獻，這種貢獻看得見，摸得著，還能數得清。」當員工完成了某項工作時，最需要得到的是主管對其工作的肯定。主管的認可就是對其工作成績的最大肯定。經理主管人員的認可是一個祕密武器，但認可的時效性最為關鍵。如果用得太多，價值將會減少，如果只在某些特殊場合和少有的成就時使用，價值就會增加。可採用的方法有很多，諸如發一封郵件給員工，或是打一個私人電話祝賀員工取得的成績，或是大眾面前跟他握手並表達對（他或她）的賞識。著名企業管理顧問史密斯指出，一名員工好的表現再小，若能得到認可，就能產生激勵的作用。拍拍員工的肩膀、寫張簡短的感謝紙條，這類非正式的小小表彰，比公司一年一度召開盛大的模範員工表揚大會，效果可能會更好。

比如：有個員工出色地完成任務，興高采烈地對主管說：「我有一個好消息，我跟了兩個月的那個客戶今天終於同意簽約了，而且訂單金額會比我們預期的多 20%，這將是我們這個季度價值最大的訂單。」但是這位主管對那名員工的優秀業績的反應卻很冷淡，「是嗎？你今天上班怎麼遲到了？」員工說：「路上塞車了。」此時主管嚴厲地說：「遲到還找理由，都像你這樣公司的業務還怎麼做！」員工垂頭喪氣的回答：「那我今後注意。」一臉沮喪的員工有氣無力地離開了主管的辦公室。

透過上面的例子可以看出，該員工尋求主管激勵時，不僅沒有得到主管的任何表揚，反而只因該員工偶爾遲到之事，就主觀、武斷地嚴加訓斥這名本該受到表揚的員工。結果致使這名員工的積極情緒受到了很大的挫傷，沒有獲得肯定和認可的心理需求滿足。實際上，管理人員進行激勵並非是一件難事。對員工進行話語的認可，或透過表情的傳遞都可以滿足員工的被重視、被認可的需求，從而獲得激勵的效果。

第二，寬容比批評更重要。人非聖賢，孰能無過？下屬在工作中出現失誤是不可避免的。但對於下屬的失誤，主管首先應該做到的就是寬容。因為此時下屬已經為自己的失誤而感到愧疚了，如果再嚴厲的批評，就會讓下屬更加的產生挫折感，而失去對工作的信心。如果能根據情況，幫助下屬找到失誤的原因，尋求解決問題的辦法，這樣下屬就會從失誤中不斷總結經驗教訓，重拾工作的信心，使其不會因失誤而喪失自信。但是，寬容下屬也絕不是對下屬的失誤進行袒護，而是要幫助其改正錯誤，並主動承擔責任。寬容是一種美德，也是一種管理方法。

第三，優勢比不足更重要。金無足赤，人無完人。任何人的身上都會存在優勢和不足，身為一個領導者如果經常看到下屬的優勢，就會給下屬提供發揮優勢的平臺，如果只看到下屬的不足，就會認為下屬一無是處，而讓下屬產生無能的心理障礙，影響工作的開展。看到下屬的優勢，並不是要忽視下屬的不足，而是要揚長避短，讓下屬的優勢得以最大發揮，同時也要主動去彌補下屬的不足，讓其實現優勢互補。

第四，多數比少數更重要。眾人拾柴火焰高。部門的主管只有調動大多數人的積極性，才能確保工作目標的實現。然而工作中，有的主管只用自己信任的下屬，而讓多數人的積極性受到了極大的打擊，使這些人消極應付，出工不出力，影響全面工作的進展。因此，一個部門的領導者要把著力點放到調動大多數人的積極性上來，讓每一個下屬都成為領導者的得力幹將。

第五，公平比情感更重要。人非草木，孰能無情？在一個部門，主管就是一個協調者，做好協調就是要建立公平的機制，沒有公平，任何協調都是不會成功的。要為所有下屬提供平等的發展機會。要掌握好情感的尺度，對下屬要保持適當的距離，不以情感厚此薄彼，要用公平鞏固和發展情感，用情感促進公平，從而讓所有的下屬在良好的情感氛圍中盡情的施展自己的才華。

第六，授權比控制更重要。有所不為才能有所為。一個部門的領導者依靠自己的能力是搞不好一個公司的工作的，必須依靠多數人的力量開展工作。要依靠多數人開展工作就必須要授權於下屬，讓下屬盡情的發揮自己的才幹。但是，有的主管並不願意授權給下屬，總是掌控制下屬身為主管的權術，這樣不僅會使下屬感到不被信任和重視，而且還會逐漸喪失思考問題和主動做事的積極性。所以，領導者善於授權，明確授權的邊界，明確責任。當然，授權並不是放任不管，要進一步加強監督，防止權力的濫用。

誇獎是對下屬最好的肯定

每個人工作都是為了更好地生存和發展，是希望自己在待遇或職位上能夠蒸蒸日上。除此之外，人們還在追求一種看不見、摸不著的東西，獲得別人的認可和肯定。據一份民意測驗結果表明。89% 的人希望自己的主管給自己以好的評價，只有 2% 的人認為主管的讚揚無所謂。當被問及為什麼工作時，92% 的人選擇了個人發展的需要。而人的發展的需要是全面的，不僅包括物質利益方面，還包括名譽、地位等精神方面。

在一個公司裡，大部分人都能兢兢業業的完成本分工作，而且認為自己做的工作是最好的，希望能夠得到主管的讚賞。這一點非常重要。主管的讚賞作用主要表現有：一是使下屬意識到自己在團隊中的價值，在主管心中的形象（在很多公司，員工的薪資和收入都是相對穩定的，人們不必要在這方面費很多心思。但人們都很在乎自己在主管心目中的形象問題，對主管對自己的看法和一言一行都非常細心、非常敏感。主管的表揚往往很具有權威性，是確立自己在本公司同事中的價值和位置的依據）。二是可滿足下屬的榮譽感和成就感，使其在精神上受到鼓勵。常言道：重賞之下必有勇夫，這是一種物質的低層的激勵下屬的方法。物質激勵有很大的局限性。主管的讚揚是下屬工作的精神動力。三是能夠清除兩者之間的隔閡，有利於上下團結（有些下屬長期受主管的忽視，主管既不批評也不表揚他，時間長了，下屬心裡肯定會嘀咕：主管怎麼從不表揚我，是對我有偏見還是嫉妒我的成就？），於是和主管相處普通，注意保持距離，沒有什麼友誼和感情可言，最終形成隔閡。

真正的讚美能手，應避開盲點，去從微不足道的小事來誇獎別人一下。事物是由無數個局部構成的，因而局部可以反映整體的某些特性。一個人也是如此。一般來說，人的整體形象反映在一個個有意無意的小動作、一件件微不足道的小事情中。精明的主管就應該具有從下屬的小動作、小事情中了解一個人的本質和抓住他心靈的本領。

法國「銀行大王」恰科，就是因為得到了這樣的「伯樂」賞識才獲得成功的。恰科年輕時曾在一家銀行打雜。為了生活，他每天都辛苦地做著一些低賤的工作，但他並不介意，而是認認真真地工作著。恰科認真負責的精神終於被當時所在的公司董事長發現了。一天，就在他退出辦公室時，他自己並未在意的一個動作改變了他的命運。當時，打掃完環境的恰科一出門，突然瞥見門前地面上有一根圖釘。為了不讓它傷到人，恰科不假思索地把它撿了起來。這一切恰巧被董事長看見，他馬上認定，如此精細小心、考慮周全的人，很適合在銀行工作。所以，董事長決定提升他，並在公司中大力表揚這種敬業精神，於是恰科更加努力。最終，他以自己的奮鬥成為了這家銀行的董事長。

讚美是一門學問，其中奧妙無窮，「懂行」是一個重要法則。「懂行」的實質是能抓住讚美的事或物的實質，不說外行話，讓別人聽起來在行、老練。許多人常犯外行的錯誤，見了什麼都說好，見了誰都說厲害，有的是不懂裝懂，有的是只知其一不知其二，語言不理想，話說不到點子上去，切不中要害，缺乏力度。在畫展上，我們經常聽到一些似懂非懂，不懂裝懂的人發出這樣的讚嘆：「這幅畫畫得真好！」其實要問他究竟好在哪裡，他支吾半天說不出個一二三來。做一個內行的讚美者，要懂專業知識。常言道：「隔行如隔山。」現代社會中，專業分工很細，各專業相對獨立，自成相對封閉的系統。如果知識面狹窄，無疑就成了「門外漢」。空懷一顆善良的心，卻找不到讚美的話題。首先，要善於使用專業術語。術語是構成一門學問的細胞，是其基本構成要素和基本概念。在一定的場合下，你用專業術語予以讚美，讓人覺得你是「圈內人」，你的讚美才會讓人覺得可信，有權威性。

藥劑師的配藥工作，程序很複雜，是品質要求很嚴格的工作。每名藥劑師配完藥後，有的還要親自服藥試驗。有名製藥廠的廠長，精通配藥程序，深深為藥劑師的敬業精神感動，稱讚藥劑師道：「為了減少藥物的副作用，在正式生產前，他們對新藥搶吃搶喝。我嚴格控制，他們又不擇手段，多吃多占，在自己身上反覆複試驗。」廠長的讚美既內行又幽默。廠長的讚美，首先表現了他對藥劑師工作非常了解，對藥劑師工作的難度非常理解，因此，在他的讚美中，蘊含著對員工們的獻身工作精神和崇敬之情，對員工們的體貼之意，說得實實在在，員工們的感動之情肯定也實實在在。他們看到了廠長對自己的關懷和愛護，看到了廠長對自己工作的認可和褒獎。廠長之所以能使自己的讚美獲得這樣的效果，奧祕就在於他了解、熟悉員工們的工作。

由此看來，主管對下屬的長處和優點表示賞識和肯定，僅憑幾句讚美的話是遠遠不夠的，還要有實際行動，也就是要求主管要關心和體貼下屬，讓人覺得他在充分地表達對人才的尊重和愛護。口頭讚揚必不可少，但如果僅僅限於口頭，則下屬就會懷疑主管讚美的誠意和價值，而一絲一毫的關心和體貼的實際行動則是最樸素、最實在、最真誠、最珍貴的讚揚和肯定。主管讚美的一句話可能三二天就忘了，但主管為表示讚揚和肯定而做的一件事卻往往使人銘記於心，乃至終生不忘。

把下屬負面情緒轉變為動力

人的情緒本身沒有好壞之分，好壞只在於如何處理，從而引發出什麼效果；即使是負面情緒，也有正面的作用。在工作中，管理者可以重新審視某些常見的「負面」情緒，然後轉換角度，考慮一下它們可以如何轉化為積極的正能量。我們來看一個案例。

志軍和海濤最近有點煩。兩人同在一家公司的銷售部，因為主管的一番話，讓以「兄弟」相稱的兩個人關係變得微妙起來；更讓人煩悶的是，原本融洽自在的銷售團隊，現在卻把他們兩個當透明人！事情的起因很戲劇性。志軍和海濤是公司銷售部的兩名大將，這兩人的銷售額占了公司營業收入的一半。要說平時明爭暗鬥或多或少有一些，也都是業績上的一比高下；但各自負責的區域不同，所以也談不上有什麼大的矛盾；有時還以酒會友，互相給對方支點招數去攻單子。銷售部有二十幾個人，年輕人占大多數。志軍和海濤平時對新員工們樂於「好為人師」，聚會時也積極參與全情投入，整個銷售部欣欣向榮一派和諧，但老闆卻做了件讓人摸不著頭緒的事情。週一早上，把兩個人都叫進辦公室。「志新、海濤，到公司的時間都有兩年了吧？你倆的業績都不錯，我要給你們新的任務了。以後銷售部我就不直接過問了，在你們兩人中提拔一個來全權負責。」

一時間，志軍和海濤不知用什麼情緒來配合老闆。是壞事吧，老闆可是點明要提拔你！是好事吧，可怎麼讓人這麼憋得慌！還挑明兩個人中選一個，是讓我們互相 PK 還是互相讓賢？兩個人帶著對老闆和對方的揣測，各懷心事的離開辦公室。此後見面，既不是敵也不是友，兩個人找不准各自的角色，乾脆避免見面。很快，小道消息開始散播了，大家都知道將「二選一」來提拔銷售負責人。辦公室出現了一種奇怪又壓抑的氣氛，不再有調侃玩笑；並且，所有私下的聚會和活動不再通知志軍和海濤，當他們是透明人。和兩人說話都是公事公辦的表情，離得很近卻又是千里之外。兩個人被徹底的孤立了，更讓兩人寢食難安的是，究竟誰會被提升呢？

在職場，類似的情況比比皆是。老闆作為公司的領導者，往往會出現一些看起來非常率真的行為和舉動。這些舉動可能是老闆一時興起或是深思熟慮的結果，甚至更重要的是老闆會認為公司的一切都在自己的掌控之中，不管出現什麼樣的結果都不會給公司帶來太大的損失。但是老闆的這些舉動，卻往往給下屬帶來沉重的心理壓力，因為很多情況下，他們並不知老闆的真實意圖，而不恰當的言行往往會給自己帶來災難性的後果，那就是會被老闆突然打入冷宮或突然被勒令離開公司，而且離老闆越近的人壓力會越大，正所謂「伴君如伴虎」。

在激烈競爭的市場中，作為企業主管如果遇到上述案例中情況，應該如何避免給公司帶來不必要的損失呢？結合上面的案例，看以下三點：

第一，公開進行選拔。那就是設定一定的考核指標在銷售隊伍中公開進行面試銷售部門負責人。指標可以設定為以前的銷售業績、競聘演講、公開答辯等，並針對不同的指標設定考核比例。在競聘中凡是符合條件的業務人員都可以報名參加（而不局限於像案例中的志軍和海濤兩人），在此過程中可以邀請其他部門負責人和一些社會人員比如人力資源專家和行銷專家等做評委，評委人員在任命之前全部保密，以確保競聘的公正性。然後根據競聘的結果任命銷售部門負責人，這樣做的好處就是能夠公平、公正，選拔到真正符合公司要求的人選，對其他人員來講，也沒有什麼話可講，任命的部門負責人在今後的工作中也可以得到其他人員的配合。

第二，直接進行任命。管理者可以在考察結束後，根據自己的判斷，直接任命銷售部門負責人，以改變目前的被動局面。這樣做可以做到快刀斬亂麻，避免事態進一步惡化，雖然這樣做的結果可能會讓部分人不服，但是身為管理者，用人權是無可置疑的。只要管理者的做法是符合公司利益的就應該堅持去做。

第三，外聘銷售部門負責人。如果管理者在對兩人考察結束後，感到兩人都不符合負責人標準或在兩人之間難以取捨的話，可以考慮外聘銷售部門負責人。透過外聘人員來擔任部門負責人，當然這樣做的負面後果就是會影響到老員工的工作積極性和熱情，但是兩害相權取其輕，管理者可以事後單獨找後者談話，對其進行安撫的同時表示自己的難處，而且要主動表示對老員工工作能力的肯定並在不影響新銷售部門負責人工作的前提下繼續支援他們的工作。

由上述案例可見每種「負面」情緒都可變成一股原動力，推動當事人做出行動。這種推動力或者是指出了一個方向，也可能是給予一份力量，有些甚至是兩者兼備。職場人所擁有的各種情緒當中，每一種皆有正面意義。因此所謂「負面」情緒也許不是那麼令人討厭。事實上，它們都可達到重要的作用，別忘了情緒本身就是一種動力。

第 03 堂課

團結 —— 大家一條心，黃土變黃金

用凝聚力提高生產力

團體的力量，永遠是無窮的。「兄弟齊心，其利斷金」！不管什麼時候，單靠一個人的力量，都是不可能取得大的進步的。群體力量是無法估計的，那麼，小團隊，怎樣發揮出最大的能量呢？答案就是凝聚力！

凝聚力是企業得以發展的基礎，企業的管理者應把一定的精力放在企業凝聚力的建設上，使企業員工精誠團結，上下形成一股勁，擰成一根繩，以強大的凝聚力使企業在激烈的市場競爭中立於不敗之地！凝聚力不僅是維持企業存在的必要條件，而且對企業潛能的發揮、效率的提高有重要作用。因此，企業管理者應在工作中採取必要的措施不斷增強企業的凝聚力，並引導員工努力為實現企業的目標而工作。

美國哈佛大學約翰·甘迺迪政府學院領導力研究中心的海菲茲（Heifetz）博士說過：一個好的團隊，它的能量源自於三個「凝聚」，一個「相信」。三個「凝聚」，就是要凝聚夢想、凝聚價值觀、凝聚痛苦；一個「相信」，就是要相信領導者可以帶領大家實現夢想。夢想、價值觀、痛苦和相信，都是心態的表現形式，也可以說是產生心態能量的源泉。企業管理中最難的就是凝聚人心，不過人心是無法改變的，順應人心人性去設計管理規則，管理就可以由難變易。一個群體如果沒有企業凝聚力，就像是一盤散沙，如何讓團隊形成共同的價值觀，統一意志，統一行動，擁有最大的戰鬥力，這是所有企業的共同希望。

當今社會是個團隊作戰時代，一個企業僅靠個人的能力顯然難以生存，唯有依靠團隊的智慧和力量，才能使其獲得長遠的競爭優勢和發展潛力，一個優秀的、具有企業凝聚力的團隊才具有戰無不勝的競爭力。企業凝聚力已經成為一個人乃至一個企業立足當今時代的核心競爭力。一個如一團散沙般的企業和一個企業凝聚力強的企業會有完全不同的氣象。每一個倒下去的企業最後的狀態一定是人心渙散，企業領導人威信全無，產品銷售不出去，無法獲得銀行的貸款，企業缺乏社會資源的支持。這種可怕的景象並不是一朝一夕形成的，企業經營失敗的原因很多，缺乏企業凝聚力是企業管理失誤所造成的，是加速企業衰亡的原因之一。

企業凝聚力的大小對企業的效率、利益、長遠發展以及企業員工的成長和發展有著重要的影響。企業凝聚力與工作效率之間的關係有人做過大量的研究。結果表明，凝聚力強的團隊不僅效率要高。對企業有重要的影響。「凝聚力」屬於管理者在企業中，運用管理的一種手段，它能超值完成員工的使用價值，同時員工也獲得了自我價值實現的一個新途徑。

什麼是凝聚力？所謂企業凝聚力，指的是企業及其行為對員工產生的吸引力的程度。一個企業凝聚力強的企業，其員工一定緊緊圍繞企業目標，精誠團結，互相信任，互相合作，在企業內部形成一種積極向上、團結有力的工作氛圍。那麼，企業凝聚力從何而來呢？身為管理者必須做好以下幾個方面：

一是，企業的共同願景。從短期看，一個企業要有一個工作目標；從長期看，企業要有一個使全體員工共同為之奮鬥的發展規劃與藍圖。無論是短期目標，還是長期目標，企業都必須做到與員工充分溝通，要讓員工看到企業及個人的希望。

二是，主管的人格魅力。確實出現很多的「企業明星」，他們憑藉自己的人格魅力團結了一幫人馬，創下了傲人的業績。這些事例充分說明了企業領導者的人格魅力是多麼地重要。

三是，優厚、公平的福利待遇。一般來說，企業對員工的激勵，物質激勵一直是第一位的，這也符合亞伯拉罕．馬斯洛（Abraham Harold

Maslow）需要層次論的基本原理。這裡講的「優厚」，是指對員工要有吸引力。

四是，建立學習型組織。除了較好的福利待遇之外，企業還要讓員工有培訓發展的空間。鼓勵員工學習、創造培訓機會等，更重要的是要讓員工在自己有興趣的職位上進行實踐鍛鍊。

五是，人性化管理。人性化管理與傳統的管理學派相對應，與把員工比作工具或機器上的一根螺絲釘相比，它注重對人的關愛，強調與員工互動的溝通交流，創造員工滿意的氛圍。

六是，優美、安全的辦公環境。優美、安全的辦公環境，不僅僅是樹立企業形象的需要，由於企業注重了員工的職業安全，並為他們創造了合法的辦公條件，所以也在一定程度上會增加員工對企業的認同感。而認同感是企業增強企業凝聚力的基本條件。

七是，員工參與。員工參與是企業民主化經營管理的一種手段。員工大都在一線工作，具有職位實踐經驗，並能夠為公司提供大量真實有效的資訊，有利於公司正確決策。

總之，企業的凝聚力，能有產生使內部的員工充分發揮積極性、創造性及磁石般的吸引力。影響企業凝聚力的因素很多，比如經營管理水準，政治溝通狀況，勞動條件，分配制度、福利，員工團隊素養等，希望我們的企業管理者注意以上因素，提升企業團隊的凝聚力！

關心下屬的日常生活

家庭幸福，生活富裕，無疑是下屬做好工作的保障。如果下屬家裡出了變故或者生活很拮据，主管卻視而不見，那麼對下屬再好的讚美也無異於有作假之嫌。

有家網路公司，職員和主管大部分都是單身或家在外地，就是這些人憑滿腔熱情和辛勤的努力把公司經營得興隆有聲有色。該公司的主管很高興也很滿意，他們沒有限於滔滔不絕、口沫橫飛的口頭表揚，而是注意到員工們吃飯很不方便的困難，就自辦了一個小食堂，解決了員工的後顧之憂。當員工們吃著公司小食堂美味的飯菜時，能不意識到這是主管為他們著想嗎？能不感激主管的愛護和關心嗎？提高員工的敬業度，促進企業業績的成長，是每一位管理者的最終目標。但是努力工作和出色的業績並非公司對員工期望的全部。精神飽滿的工作與樂觀積極的生活，就像一枚硬幣的兩面，互為補充，互為因果。據一家調查公司發布的一項關於外商員工疲勞程度的調查顯示，許多企業員工存在「過勞」現象。超長時間工作，工作壓力大，缺乏運動，社交圈狹窄，使員工們開始出現生理和心理上的健康隱患。管理者要想盡各種各樣的方式幫助員工平衡工作與生活：組織豐富多彩的娛樂活動，提供免費的專家心理諮商，幫助員工擴大社交圈，解決個人問題等。重視員工的生活品質，就如同珍惜企業的重要資產。

「經營之神」松下幸之助有一次在一家餐廳招待客人，一行六個人都點了牛排。等六個人都吃完主餐，松下讓助理去請烹調牛排的主廚過來，他還特別強調：「不要找經理，找主廚。」助理注意到，松下的牛排只吃了一半，心想一會兒的場面可能會很尷尬。主廚來時很緊張，因為他知道客人來頭很大。「是不是牛排有什麼問題？」主廚緊張地問。「烹調牛排，對你已不成問題。」松下說，「但是我只能吃一半。原因不在於廚藝，牛排真的很好吃，你是位非常出色的廚師，但我已 80 歲了，胃口大不如前。」主廚與其他的五位用餐者困惑得面面相覷，大家過了好一會兒才明白怎麼一回事。「我想當面和你談，是因為我擔心，當你看到只吃了一半的牛排被送回廚房時，心裡會難過。」如果你是那位主廚，聽到松下先生如此說，會有什麼感受？是不是覺得備受尊重？客人在旁聽見松下如此說，更佩服松下的人格並更喜歡與他做生意了。

時刻真情關懷下屬感受的主管，將完全捕獲他們的心，並讓他們心甘情願為他赴湯蹈火！對別人表示關心和善意，比任何禮物都能產生更多的效果。主管對下屬也要多些仁愛。我們說主管要身先士卒，但更多的應該是和員工在一起，大家是平等的，要真正關心他們的成長，為他們爭取福利。關懷和獎勵的方式有很多種，下屬辛苦了，哪怕你說一句「兄弟你辛苦了」，也是一種獎勵，說明你懷有一顆仁愛之心，都會讓對方感受到心靈的溫暖。而如果下屬在這裡工作生活得很不開心，因為主管不夠仁愛、主管小心眼、一時怕承擔責任而讓下屬很難受，這樣的主管就不是一個好主管。該給下屬解決的問題要及時解決，該分擔責任的時候要及時分擔。體貼和關懷下屬也是身為主管分內的工作，而且這麼做的時候，員工在這裡工作生活得很開心、很滿意自己也會感到很快樂。

在寶鹼（寶僑）公司，曾透過推行「better work，better life」（更好工作，更好生活）的活動，他們採取了一系列靈活的措施讓工作變得更輕鬆。在公司有一個 Fruit Station（水果站），還有配備專業按摩師的按摩室，員工在工作時間如果覺得累了就可以來放鬆和按摩，只收取相當低廉的費用。寶鹼公司大中華區人力資源部總經理表示，公司希望使員工的工作狀態達到頂峰。「我們不會在意員工是否花了十分鐘或者二十分鐘去做按摩，我們關心的是工作結果。如果能夠達到這個結果，公司可以給你很多很便利的選擇。」寶鹼的工作時間相當有彈性。

越來越多的企業都意識到員工「工作與生活的平衡」對企業發展至關重要。一方面，由於工作生活失衡導致的家庭、健康甚至過勞死問題對企業和員工無疑都是巨大的損失；另一方面，只有解決了員工的後顧之憂，他們全身心投入工作才能創造好的業績，企業的策略目標才能夠達成。

好氛圍成就高效率

安德魯．卡內基（Andrew Carnegie）說過：「帶走我的員工，把我的工廠留下，不久後工廠就會長滿雜草，拿走我的工廠，把我的員工留下，不久後我們還會有一個更好的工廠。」在實際管理工作中，人們過於重視管理者自身的帶頭示範作用，卻忽略了與客人直接接觸的員工。在很多組織裡，都把一切優惠條件和教育機會讓給管理者。所以當他們在面對市場和客人時，顯得力不從心。因此，管理者應該將如何創造寬鬆工作環境，更好地發揮員工的潛能放在十分重要的位置。在創造寬鬆工作環境時，需要注意的幾個方面：

第一，採用有效的機制來激勵員工。激勵員工必須克服過去長期習慣的單純的鼓勵和簡單物資刺激的片面做法。要根據社會發展和員工心理的不斷變化來做及時調整，具體說來，可以做以下幾個方面的嘗試：一是獎勵激勵。對員工取得工作成效給予獎勵，會給員工的創造動機達到強化作用。因為這使員工看到了自己的成績，得到了尊重並取得了相對的信任和一定的社會地位。這些都屬於人們的基本需要，是馬斯洛需求層次理論的一部分。因此，要使獎勵激勵發揮最大的效用，還必須將物質獎勵與精神激勵有機地結合起來。二是目標激勵。企業發展到一定水準。從管理層到基層員工不可避免地會出現知足感，出現一定程度的惰性，在這個時候，企業高層的管理與監督要採用目標激勵等一些有效的措施來使員工不斷有新的目標，有為實現目標而不斷進取的新的「興奮點」。三是榜樣激勵。要重視在員工隊伍中發現、培養、樹立典型，用榜樣的力量來激勵員工。另外，其他的激勵方式有關懷激勵，員工參與管理，工作豐富化等，但是激勵要憑藉其內在因素，不同的環境，因地制宜。

第二，對員工採取人性化、個性化的管理。對員工與其說是管理，不如說是溝通、協調，如同顧客的需求，員工的需求也是多種多樣的，比如說員工要求調整薪資，要求滿足一些額外利益等。這些問題處理起來比較棘手，不能視大多數人的利益不顧，而滿足個別人的需求，遇到這種情況寧可得罪個別人。當員工們知道你是怎樣地關心和維護大多數人的利益時，他們怎能不為之動容，怎會不為之努力工作？當然也要安撫部分人的不平和怨恨，保證企業的聲譽，不論你是企業的總經理還是部門總監，即使你僅僅是一位主管，你的一句祝福的話語，一聲親切的問候，一次有力的握手，都會使員工終身難忘。

第三，努力創建企業文化。創建一種互相信任，積極向上，凝聚力強的企業文化，可以提高員工對企業的忠誠度。

要創建一種好的企業文化，做好以下兩點非常重要。一是誠信它是管理的基石。有位經理人曾有在美國飯店工作的經歷，他深有感慨地說，美國的飯店管理者給員工以充分的信任。比如：總臺的收銀每天允許出現一定數額的差錯，經主管確認後，不予扣罰，而且前臺的接待者有相當大的折扣款權，他們的靈活性相當大。然而，在那種環境工作，卻很少員工有越軌行為，且員工工作積極性很高，員工的潛力能夠得到極大程度的發揮，究其原因，在於其創造了一場誠信的人文環境。然而，具體而言，我們應該因地制宜，因人而異，去制定自己的管理制度，這裡僅說明，相互信任對一個團隊來講至關重要。二是積極向上，努力學習，建立學習型團隊。企業應注重員工的事業生涯管理，給員工提供發展機會，在創造學習價值方面，應根據目前的社會環境，向員工提出：「學習，為了企業，為了自己，更為了走進社會。」注重給員工搭建展示自己才能的平臺，並引導員工發揚雁陣團隊精神，杜絕員工中的嫉妒現象。當同事需要幫助或陷入困境時，其他的員工不是落井下石，而是主動伸出援助之手，協助其完成服務專案，從而為團隊做出各自的貢獻。

綜上所述，企業要創造出更大的效益，首先要提升「企業產品」的品質。而要提升產品品質，重在更新和轉變管理者的觀念，從關心員工，理解員工，幫助員工入手，為員工創造較為寬鬆的工作環境，減輕員工精神上的負擔和壓力，為員工營造施展才華，發揮創造性工作的機會與空間，充分尊重員工的境遇和地位，並給予相對的待遇和報酬。這樣，企業才具有生機與活力，企業才會有可能更好的發展前景並能創造出可觀的效益。

除此之外，在企業團隊中，營造一個和諧寬鬆的工作環境有利於調劑員工的心理狀態。而這種環境的營造，不單取決於良好的物質環境，軟環境也同樣重要。具體到管理者個人而言，應該做這種軟環境的建設者和維護者，在環境營造過程中，可以按照以下最基本方式來處理日常事務：比如：按照希望別人對待自己的方式去對待別人。管理中的金科玉律就是：「你們願意別人怎樣對待你們，你們也應該那樣去對待別人。」

第 04 堂課

紀律 —— 工作時的必要保障

管人先管好自己

每個人都有自己的脾氣。很多人更是把發脾氣當成發洩的途徑。而恰恰因為這一點使他錯失了解決問題的最佳時機，還會給人留下一個浮躁、懦弱的不好印象。試想，身為一個管理者在遇到問題時，首先想到的不是盡快想辦法解決問題，彌補損失，而是大發其火，追究下級的責任，甚至將下級罵個狗血淋頭，那他不但解決不了問題，還會給上級留下推卸責任；給下級留下無能的印象。因此，首先學會控制自己的情緒，是身為一個管理者樹立形象的必需。一個無法控制自己的人是很難取得成功的，人一旦失去了自制，別人就會輕易將他打敗，這是一條鐵的定律，然而，控制自己並不是一件容易的事情，因為每個人心中永遠存在理性與感性的鬥爭。自我控制、自我約束就是要求一個人按理智的原則判斷行事，克服追求一時的滿足和本能的欲望。一個真正具有自我約束的人，即使在情緒非常激動時，也是能夠做到這一點的。

有所創造的人，有大成就的人，都是善於自我控制的人。因為他們的心智、精神和目標能夠達到協調一致；而那些內心混亂的人常常會走向失敗，由於他們不能集中注意力，於是一切成功都遠離他們而去。一個人必須控制好自己，才能在為人處世當中協調各種因素，發揮出最大功效，然後取得成功。每個人都應該積極進取、奮發有為，努力提升自己的生活品味，使自己從常人中脫穎而出，成為一個有價值的人。但是，如果他不能自律，不能有效地控制自己的情緒、成為自己命運的主人，他就很難做到這一點。如果他不能自律，就根本別想去影響別人、掌握住局面。

曾經擔任過美國作戰部長的斯坦頓（Stanton），早年做過亞伯拉罕・林肯（Abraham Lincoln）的戰地機要祕書，一天，他氣衝衝地告訴林肯，說一位少將用侮辱的話指責他偏袒一些人。林肯聽了也很生氣，於是建議斯坦頓寫一封內容尖刻的信回敬那傢伙，他甚至說：「可以狠狠地罵他一頓。」斯坦頓馬上寫了一封措辭強烈的信拿給林肯看，林肯看後高聲叫好。但是當斯坦頓把信收好時，林肯問他做什麼去，他回答說：「寄出去呀。」林肯大聲說：「千萬不要胡鬧，這信不能寄，快把它扔到爐子裡燒掉。凡是生氣時寫的信我都這麼處理。你寫這封信時，已經解氣了，現在感覺好多了吧，那就把扔掉，再寫第二封吧。」林肯是一個自我約束力很強的人，當他知道別人的批評是真誠的並且有道理時，就會心悅誠服地接受。他手下的米德將軍就曾因為拖拖拉拉不服從他的命令而貽誤了戰機，錯失了一舉殲滅敵對方李將軍的大好機會，林肯知道後，氣得渾身發抖，對自己的兒子羅伯特（Robert Todd Lincoln）喊到：「上帝呀！這是什麼意思？他們已經在我們的手邊了，只要一伸手，他們就成我們的了；可是我的言語和行動就沒有使我的部隊動一動，在這種情況下，幾乎任何一位將軍也能把李將軍打敗。如果我去那裡，我將親手給他一個耳光！」就是在這樣的情緒支配下，林肯給米德寫的信仍保持著高度的克制：「我親愛的將軍，我相信你並不了解李將軍逃跑所造成的後果將是多麼的嚴重。他已經落到了我們手裡，如果殲滅他，就會立即結束戰爭，可是這樣一來，戰爭將無限期地拖延下去，你當時怎麼會在南岸那麼做呢？要說你現在還能再做出更多的成就，那是不可想像的，而且我現在也根本沒這個指望。你的黃金時間一去不復返了，而我也因此感到無比遺憾。」就這樣一封信，林肯寫好後卻一直夾在他的資料夾裡，直到去世後才被人們發現。如果說林肯發出這封信，那他心情是痛快了，然而既然良機已經錯失，對米德的責備只能使米德為自己極力辯解，減弱他作為一個指揮官所該發揮的作用，或許還會迫使他辭職也未可知。

自我約束表現為一種自我控制的能力。一個人的自由並非來自只「做自己高興做的事」或者採取一種不顧別人感受的態度。自己要戰勝自己的情緒，證明自己有控制自己命運的能力。如果任憑情緒支配自己的行動，那自己就會成為情緒的奴隸。一個被情緒所奴役的人是根本沒有自由可言的。

在現實的世界中，每個人都在透過努力，使自己生活更加幸福，並且在向著這個目標邁進。但是，我們絕不能做只顧一時痛快而絲毫不顧及可能發生後果的事。因為人們的感情大都容易傾向於獲得暫時的滿足，所以，要善於做好自我約束。這裡值得注意的是，往往那些提供暫時滿足的事，通常就是對我們的健康、快樂和成功最有害的事情。因此，在追求幸福生活的同時，應該努力避免做一些會對自己將來可能產生不良後果的事。

一個人如果沒有養成自我約束的習慣，要付出的代價就是他會不斷成為自己承諾的受害者。例如：在日常生活當中，「我保證……」就是最危險的句子之一。這樣經常會導致很多人把大量時間和精力花費在了去做一些無意義的工作上。這個世界看起來好像存在一些被大眾廣泛接受卻查無實據的保證。事實上，我們生活的世界中只有一個可靠的保證，那便是：一個經常向你保證一切都沒有問題的人，是最有問題的人。

在某些情況下，具有自我約束能力和做一個有自我約束能力的人之間是有差別的。做一個有自我約束能力的人，是指偶爾表現出的自我約束能力，它能使你的生活避免不必要的一些麻煩，但要想取得真正的成功，就要堅持不懈地保持自己的自制力。

培養下屬服從命令的習慣

美國心理學威廉．詹姆斯（William James）有一句對習慣的經典定義：「種下一個行動，收穫一種行為；種下一種行為，收穫一種習慣；種下一種習慣，收穫一種性格；種下一種性格，收穫一種命運。」習慣是一種長期形成的思維方式、處世態度，習慣是由一再重複的思想行為形成的，習慣具有很強的慣性，就像轉動的車輪一樣。人們往往會不由自主地啟用自己的習慣，不論是好習慣還是壞習慣，都是如此。可見習慣的力量會影響人的一生。其實習慣可以在有目的、有計畫的訓練中形成，也可以在無意識狀態中形成。

良好的習慣不僅在生活中有很大的好處，在團隊管理中，也能發揮出其巨大的能量，從而影響一個企業的生命。曾看過這樣一個故事：有一位老農想把新買的一頭牛牽回家，也許是懼怕新主人的原因，無論老農怎麼用力拉，牛站在原地就是不肯走，於是老農就用事先準備好的韁繩套住牛鼻，用鞭子抽，費了很大的功夫才把牛牽回了家。一到家，老農就放開韁繩，任牛四處走動。最初的幾天，一到晚上，老農便用韁繩套住牛，將牠牽回。後來，老農也不再用韁繩套牛了，天快黑的時候，牛就自己慢悠悠的跟在老農身後回來了。

這個故事告訴我們一個道理：任何事情，只要選擇了正確的做法，就能得到理想的結果。教化育人更是如此。要培養一種習慣，首先要仔細研究它的必要性，千萬別倉促培養。你可以為其列出許多條例來，如果這習慣一旦養成，對自己有多大益處；如果養不成，對自己有多大壞處。這種條例越多，你會感到越重要，實施起來勁頭也就會越大。其次，你要培養什麼好習慣、征服什麼壞習慣，可從你的理想、抱負中提取；因為理想、抱負對我們人生無異是再重要不過的事。同時，你也可以從困擾你的難題、阻礙你的瓶頸、以及必須達成的目標和及待提升的缺點中去提取；因為這類事是你內心迫切想解決的，因此一旦你從中提取出某種習慣或「習慣配方」，你實施起來勁頭就會特別大，解決了培養目的的問題，下面就是怎樣培養一個好習慣的問題。任何一個好習慣必然在有意識的訓練中形成，不允許也不可能在無意識中自發的形成，這是好習慣與不良習慣的根本區別。相對於其他習慣而言，不良習慣形成以後，要改變它是十分困難的，俗話說：「江山易改，本性難移。」從根本上說，任何一個好習慣的養不會是輕而易舉的。

俗話說：「萬事起頭難」，「好的開始是成功的一半」，培養習慣也是一樣。好習慣多長時間才能養成呢？根據美國科學家的研究，一個好習慣的養成需要 21 天，90 天的重複會形成穩定的習慣。所以一個觀念，如果被別人或自己驗證了 21 次以上，它一定會形成你的信念。一個人的習慣決定了一個人的未來和一生的幸福。

習慣的培養是一個由被動到主動再到自動的過程。身為一個管理者，在培養下屬良好的行為習慣方面，需要注意如下幾個要點：

第一，專注於行為方面。員工不良的工作習慣種類很多，其中包括工作中間休息時間過長、違反安全規則、凌亂的工作場所、不適當的衣著、私人電話太多、辦公時間閒談、喜歡與其他員工爭執、工作態度散漫、經常請假等等。這些情況都會妨礙工作順利進行，甚至使其他員工也以為可以違反工作規則，以致不良的風氣蔓延，影響整體的工作表現。為了減低個別員工不良工作習慣的影響，你需要一些技巧。在與員工討論他的工作時，一般都會專注在工作方面的表現，但是在討論改善員工的工作習慣時，則需要專注在行為方面，即員工怎樣做他的工作。

第二，判斷問題。在糾正不良工作習慣之前，你需要先指出問題所在。假如員工的不良工作習慣導致以下四種情況，你就須予糾正：一是影響員工自己的工作表現：這是最常見的情況，也是最容易察覺出來的。二是影響其他員工的工作表現：一些工作習慣會使人分心，阻礙其他員工工作。這些不良的工作習慣是比較容易察覺的到的，因為當這些情況出現的時候，受影響的員工便會向你投訴。三是違反任職機構的政策或工作程序：你任職的機構已經訂下一些規則，為員工確立工作的依據和做事的原則。四是惹人反感，再不能置之不理：在這種情況下，你需要運用各人的判斷力和洞悉力，這大概是最難以處理的一種不良工作習慣。

第三，改善習慣帶來好處。改正不良的工作習慣，可以為你自己、其他員工、你的工作小組及整個機構帶來好處。最重要的還在於可以提高工作小組的士氣，其他員工不因個別員工的不良工作習慣，而加重自己工作負擔。在改正不良的工作習慣後，工作小組便更加精神振奮，工作環境更合意、更舒適、而且更安全。

第四，觀察情況採取行動。要討論不良工作習慣，對你和下屬都不是一件愉快的事情。差不多每個人都有自己特殊習慣或獨特工作方式，也許會使你或其他員工感到不滿。所以你要預先決定是否值得提出來討論。還要問問自己：「如果員工不改善以前工作習慣，我是否會採取紀律處分，而這處分又符合公司的政策和程序嗎？」如果你的答案是「否定」的話，那就最好不要提出來討論，盡力去適應員工的這種工作方式好了。

第五，維持明確的目的。在討論如何改善員工的工作習慣時，其中一個主要目的，就是要員工明白他必須改正不良的工作習慣。研究報告顯示，大部分員工都想把工作做好，而且也希望旁人覺得他能夠勝任，尤其是在主管的眼中是這樣。當然你知道他想把工作做好。你要保持友好的討論氣氛，這對於討論的成敗十分重要。假如員工是在被迫的情況下去改變工作習慣，他稍候會把不滿的情緒宣洩出來，這就會更加難以收拾。

第六，採納員工的意見。要員工改善自己的工作習慣，其中一個最佳的方法，就是請員工提出意見。就算員工提出的方法並非是你所希望的辦法，也不妨試一試，看看是否可行。如果問題是發生在員工身上，解決方法也應該由員工自己想出來。盡可能採納員工的提議，因為這顯示出你重視他的意見。這樣可以加強員工的自信，使他更投入解決問題。你也應協助員工把提議付諸實行。以表現出你的確是支援員工去改善工作習慣，並增強了員工的自信心。

不要過度縱容下屬

在當今的企業管理中，很多人都提倡管理要「以人為本」。「以人為本」就是提倡把員工擺在主體的地位上來考慮，尊重他們的人格，體察他們的性情，重用他們的能力。但這絕不意味著以情感代替原則，以理解取消制度，因為這樣只能縱容下屬不合理的欲望和行為產生。身為一個管理者，我們提倡對下屬多寬容，少苛責，但是，也不能寬容得過了頭，變成了姑息養奸。姑息養奸不但不能讓下屬對你服服貼貼，反而會讓你威風掃地！

有的管理者想透過降低標準這一招來贏得下屬的支持，殊不知，這種辦法會讓那些多事的員工得寸進尺，降低標準說到底這是一種縱容下屬的行為。其實這類管理者不知道的是，他們用這種方式帶出來的下屬往往脆弱不堪、難當重任。因為，在他們的慈善心腸面前與不斷降低的要求之下，部門的效率和業績早已經與預訂的目標相去甚遠了。怎樣才能建立一個強有力的團隊呢，管理者還是要對下屬在制度上做一些約束，比如說：

嚴格要求下屬。那些慣於縱容下屬的經理，在平時必然也不會對下屬予以嚴格的要求。我們知道，嚴師才能出高徒，同樣的道理，嚴格要求的管理者，才能帶出一批能征善戰的下屬。有時候，管理者看似對下屬寬容，實際上卻不利於他們的成長。

古希臘神話傳說中，有一位名為阿基里斯（Achilles）的英雄，他有著超乎常人的神力和刀槍不入的強悍肉體。他在激烈的特洛伊之戰（Trojan War）中幾乎無往不勝，取得了赫赫戰功。但就在阿基里斯即將攻占特洛伊城取得勝利之際，他的對手太陽神阿波羅（Apollo）卻悄悄地一箭射中了阿基里斯，在一聲悲涼的哀鳴中，強大的阿基里斯竟然就此倒下去了，再也沒有起來。原來，太陽神阿波羅的那支箭射中了阿基里斯的腳後跟，而這裡恰恰是他全身唯一的弱點，只有他的父母和天上的神才知道這個祕密。以前，在他還是嬰兒的時候，他的母親 —— 海洋女神忒提斯（Thetis），為了表達對兒子的疼愛，就經常捏著他的右腳後跟，把他浸在神奇的斯堤克斯河中，被河水浸過的身體變得刀槍不入，近乎於神。可那個被母親捏著的腳後跟卻由於浸不到水，而成了阿基里斯全身唯一的弱點。

這則寓言所揭示的道理，同樣適用於上級對下屬的管理上，對下屬的缺點和一時難以完成的任務，千萬不能輕易降低要求，那樣只會使下屬的弱項變得更弱，也不利於他們的進一步發展，甚至會為其留下重大隱患。對下屬進行嚴格要求，才是對他們的愛。

不要容忍下屬的過度要求。身為主管，難免會面對下屬的種種要求，其中有些是合理的，但有些則令人難以接受。而且有的下屬自恃與主管關係良好，經常提出一些過度的要求，身為主管一定要嚴詞拒絕，即使以前曾經答應過。此時也要能夠明察秋毫，不要不經過思考就去答應，否則一旦到時無法兌現，難免會遭到下屬的非議。而且，即使答應了下屬的過度要求，也難免留下縱容下屬的嫌疑。此外，在現實工作中，有些喜歡表現自己的下屬，卻苦無機會，於是便會找機會發牢騷，或向主管提出無理的要求，來找主管的麻煩。對這類下屬，主管則要給他一點警告，不可讓他肆無忌憚。過度容忍下屬，將會自食其果，這是主管工作中鐵的教訓。

不要被下屬牽著鼻子走。那些縱容下屬的上級大都比較軟弱，對於他人的要求只會說「是是是，好好好」。他們在駕馭下屬方面往往太欠缺「強硬」，他們對下屬的要求有求必應，即使心裡不願意接受，嘴上也不會拒絕。他們或因為軟弱，或因為愛面子，或因為菩薩心腸，最後弄得自己這個上級反倒被下屬牽著鼻子走。列夫．托爾斯泰（Leo Tolstoy）教學生打獵時，先教他們如何駕馭馬，「如果馬走斜道而不肯回來，你們把韁繩向牠偏的那邊拉，讓馬轉個彎正面回來，所以那匹馬始終都不知道——究竟是自己斜著行，還是騎馬者拉著牠向那邊走。當你促使馬朝著你想要去的方向走時，你便是馬的主人了。」對於團隊管理者，這是一個很好的借鑑。因為騎馬者總是不免要做一個專橫者，否則將難以馴服馬。作為企業管理者，要記得千萬別使自己成為一匹讓下屬牽著鼻子走的馬。在管理下屬方面，管理者應該「強硬」一些，主動一些，不要對下屬的要求有求必應，不要被他們牽著鼻子走。

日本的松下幸之助認為，有些人不需要別人的監督和責罵，就能自覺地做好工作，嚴守制度，不出差錯；但是大多數的人都是好逸惡勞，喜歡挑輕鬆的工作，撿便宜的事情，只有別人在後頭常常督促，給他壓力，才會謹慎做事。

第 05 堂課

尊重 —— 每個人都渴望被重視

不同性格員工要對症下藥

世界上，每個人都不是十全十美的。單從性格上來看，總會有這樣或那樣的缺陷或不足，但是只要深入了解了這些，並努力去克服，並非不可以改變的。可是，也有一些讓人「印象深刻」的人物。比如說「專家型」的，認定他對事情有權威的說法；「權術型」的，奉承巴結、追逐權勢；還有「野馬型」的，我行我素、為所欲為，對這類人，就應具體人具體對待了。雖然有些類型的人使人厭惡，但在他們當中也有成功的人物，原因在於他們很了解自己，而且這些鮮明的個性對他的事業並沒有形成阻礙，反而是一種助力。生活中還有一些個性較為溫和的人，他們性格上的缺點看似沒有什麼負面作用，但事實上卻嚴重阻礙了自己事業的發展。那麼，作為一個企業管理者，怎樣才能根據不同性格的員工採取措施呢？

第一，常以顯示自己的缺點為榮者。這種人在公司裡隨處可見。他們常常是過度的去輕信自己的直覺，而且自我感覺良好。對於自身存在的不足，卻經常掛在嘴邊；恐怕別人不知道，以此來表白自己是多麼的嚴以律己，多麼的勇於自我剖析。這種「你看我有多糟」的態度總有一天會影響到他的前途，最後總會有人不想「看」這些缺點，而更糟的是，很可能因此而把他整個人都否定了。

第二，過度表現自己。這種人與暴露自己缺點的人恰恰相反，他們以自吹自擂為樂事，彷彿見到人不講自己的長處，別人就不了解自己一樣。時間長了，總讓人覺得討厭，更讓人覺得此人沒有什麼真正的本事可言，就只有那麼一點點自我吹噓的本領了。

第三，悲觀失望者。任何一種方案都有兩種不同的意見，無論是反對還是同意。作為主持會議的人來說，總希望有人站出來，講出自己的意見，即使是反對的意見。可以說，每個公司的會議上都存在這樣的人，他們的悲觀言論能使先進分子的頭腦冷靜下來。這也是他們的作用所在，但是任何主管都不希望在自己的公司裡有這種人的存在，這類人常常被派去幹些事務性的雜事，從來不會被委以重任。假如你有這種情緒的話，一定要想辦法，把它改變過來，即使有時需要保持沉默，也不要貿然講出你悲觀的言論，否則只會破壞大家的情緒，甚至會影響到你在公司的地位。

第四，喜歡獨行者。這類人整體說來給人的印象還是不錯的，他們工作積極肯做，任勞任怨，而且品質和效率都很高。唯一不足的是他們總是喜歡獨來獨往個人行動，不願與他人合作做事。因此，他們往往學有所長，尤其是在工程設計、稅務財會、電腦軟體上比較擅長，由此而更加埋頭於專業之中，不願與人來往，這也同樣造成了他孤僻的性格。

其實，只要你能夠進行合理安排，發揮並照顧了他們的特長，他們會十分隨和而努力的。正是由於他們學有所長，身懷絕技，所以他們的工作往往都很有成績，但僅此而已，靠一技之長並不能使他們的事業達到頂峰，往往只能達到中層的位置，這些人如果真有才能，他們反而可以成為你最可貴的夥伴。你可以與他們同謀共事，一起平步青雲。你更可以學習他們的長處，彌補自己的短處，青出於藍而勝於藍。真正的危險人物與野心抱負是毫不相干的，他們不會有什麼出人頭地的創舉，只求得過且過，每個公司裡都有這樣的例子，只是各不相同，各有所長。

第五，口是心非者。這種員工專門挑人家愛聽的話去說，曲意奉承，但事實上卻不能兌現。他告訴你可以做一大筆生意，而當你費時費力準備好談判時，他卻找藉口推三阻四，生活中隨時都可能會遇到這種人，吃一次虧就算了，千萬不要上第二次當。

第六，呆板固執者。這類人可以經常得到經理的賞識。因為他們工作踏實認真，常常加班，對於每一個細節問題都考慮得十分仔細和認真，他們對自己的要求也很嚴格，毫無鬆懈之意。不論是認真清理辦公桌上的迴紋針與大頭針，還是計算排程，他們都是那樣一絲不苟。這種人有時對細節斤斤計較，官腔十足，此時此刻他把自己看成了是你的主管一樣，此時也正是使你思維發生混亂的時候，千萬別被他的虛張聲勢所誘惑。

以上所說的幾種人並不能將大千世界的種種類型的人都包括。但也不是說每一家企業總是被這些人所充斥，你也不一定要把現實的人一一對號入座。但科學研究成果表明，在任何公司裡，總有 10% 的人是難纏的，有 70% 的人成為他們的犧牲品。身為管理者應做的事，是讓那剩下的 20% 的人免受其害，並教他們識別出危險人物的方法，有了這些你就勝利了一半，另一半是教他們如何去防備。

下屬的自尊心傷不起

生活中，每個人都有自尊心，職場上也一樣，良好的人際關係對生活在職場中的人至關重要。每一個身處職場的人都有很多的交往活動，在人與人之間的交往中，就涉及人的自尊心問題。尊重他人的自尊心是每個人的基本原則，但是，一個人的自尊心的強度卻關係到人際社交的尺度，由於職場中的人際關係與自尊心相關，傷害了自尊心就等於傷了感情，所以善待自尊心成了職場生存中的一門學問，這門學問做得好，可以改善職場人際關係，增進人與人之間的交往，而如果做不好，則可能會出現一些難以預料的問題，甚至威脅到自己的職場事業。

人的自尊心真的那麼重要嗎？我們來看一個發生在美國的例子。美國辛辛那提牢獄的負責人洛維斯說：「跟任何罪大惡極的人說話，也得把他們看成紳士。這樣才能保留他們的自尊心，讓他們有反省自新的機會。」

德國詩人約翰・沃夫岡・馮・歌德（Johann Wolfgang von Goethe）在大學時代，受弗里德里希・席勒（Friedrich Schiller）的影響而發揮詩人的才華，席勒除了是位詩人外，也是一位擅長說話技巧的作家。有一次，他們一起前往戲院參觀預演。歌德愛發脾氣，發言是整個權威性基調，而席勒的作風完全相反，始終在稱讚演員們好的一面說：「不錯，這是你的優點，好好加油吧！」因為腳本是席勒的作品，所以，歌德與席勒都很關心，不料，到正式上演的前一天，主角演員仍然沒把臺詞背熟，歌德不禁勃然大怒：「你到底搞什麼名堂？這樣怎麼能上演嗎？」席勒在旁邊安慰他，無論如何，你可以有時間來背。在歌德的斥責下，主演的人雖然拚命背臺詞，到出演的當天，他仍然結結巴巴地背不出來，歌德怒不可遏地說：「這樣怎麼行呢？」第一幕結束後，席勒把演員喊到辦公室裡來，用兩手擁抱對方說道：「演得不錯，相當成功，說話語氣也很適當……」單憑這句話，就讓這位演員有 100 倍的精神，而且完全恢復信心，連臺詞也能流利地背誦出來，演技逼真，臺下的掌聲如雷。這段著名的軼事，頗能反應斥責與稱讚的妙用。

每個人總希望能夠按照自己的決定來行動，因為每個人都有自尊心。但工作中的上班族被主管命令的情形很多，每被命令一次，自尊心就會受損一次。而且，還會出現這樣的情況：如果主管不指示、不下達命令的話，工作就無法正常進行，下屬也不知如何是好。最後造成只有主管明確指示工作，部下才敢去做。因此，主管需要的是，在下達命令的同時，建立與部下之間的人際關係。盡最大的努力不要傷害下屬的自尊心，如果不小心傷害了，應立即做出彌補。不這樣做的話，下屬的心就會遠離主管。下屬離心離德的組織，會漏洞百出，變成脆弱的團隊，不久也會對工作造成影響，無法接受你的任何說教和命令，唯有主管與部下的心相互緊密結合在一起的組織，才能稱得上是強有力的團隊。

下面就介紹一下「美國企業領導者研究所」研究出的建立人際關係的具體行動的研究成果，希望能為身處管理一線管理者們提供借鑑。

第一，為下屬施以個人的善意與幫助。主管為了工作而下命令的同時，也要顯示出親切的協助態度，這種善意的溫暖是很重要的。因為，主管再怎麼下達命令，在組織上都是由上對下命令的立場，所以部下無法說「不」。但如果仗著自己的權力，不斷下命令的話，部下的心只會越來越遠離，只會累積反抗、憎惡的情感。因此，主管必須要察覺部下情緒中所看不到的部分。

第二，做出讓部下覺得當你的部下很幸福的事。雖然不需要很誇張，但並非只是形式上的上下關係的小恩小惠，而應是真正的溫暖和關懷。這樣，部下不只是將你視為主管，也會感受到你親切的心，這種感受是使集團一體化的重要情感。接受了你的關心，也就在某種程度上接受了你的全部。

第三，平易近人的態度。主管對任何下屬來說，都是使人感到不自在的人物，如果擺出架子的話，更會讓人很難親近。任何藉口都不會有機會實施。所以，應該要放鬆自己，不要太拘泥於形式較好。雖然難以接近的態度會使人畏懼，但還是明朗、親切的感覺，會受部下好評。

第四，製造聽取部下想法的機會。如果你回想一下公司開會的情形，雖然大家努力提出意見，進行討論，但話最多的還是主管。正因為通常主管與下屬在一起時，主管的發言會較多，所以，主管在與下屬說話時，要用心注意讓部下說話，聽取部下的意見，這樣才是適當的。再者，聽部下說話，是肯定部下的表現，部下也會因為主管願意聽自己說話，而在心理上獲得滿足。對部下來說，主管耐心聽自己說話，是主管肯定自己的證明，於是會更相信主管、更尊敬主管。聽下屬說話，在整合組織上是重要的行動。

第五，一起為下屬個人的幸福高興。從結婚、生產，到下屬個人生活上的喜悅，一起祝福、一起感受，還有也一起悲傷，這樣可以與部下在心理上產生一體感，部下也會超越主管、超越公司，感覺主管就像是自己人生中的好朋友一樣。

牢記每位下屬的名字

一個人的名字雖然是很簡短的幾個字，但是它實際上的意義卻異常深奧。因為它是通向對方心靈的一條捷徑，當在某一陌生的場合中，你輕鬆地叫出對方的名字時，對方一定會感到驚訝和感動。這樣一來，你和對方的距離也就很快拉近了。

在人際社交中，如果要想贏得他人的好感，那麼最簡單的辦法便是記住對方的名字。這樣在下一次叫出別人的名字時，對方會感到自己被給予了尊重的同時，也會感覺出自己在主管心中留有了分量，那麼定會對你另眼相看，而這一切都是構建友誼橋梁最重要的因素。銷售員戴爾．卡內基（Dale Carnegie）非常崇拜世界推銷大王喬．吉拉德（Joe Girard），並向吉拉德請教成功的祕訣。吉拉德回答了兩個字：「勤奮。」卡內基不相信這樣就可以成功：「聽說，你記得一萬個人的姓名。」「不，不止，我大概可以叫出六萬個人的姓名。」吉拉德糾正道。喬．吉拉德在與他人初次見面時，就把對方的姓名、家庭情況、政治見解等牢記在心，下次見面時，不論相隔半年還是幾載，都能直呼其名，還會問問對方家裡人的情況以及某盆花長得怎樣之類的問題。因此，他得到了許多人的喜愛，他的業績自然也因此節節攀升。

生活中，也許不是每個人都能夠做到像吉拉德一樣，如此細心地記住這麼多人的名字，但是如果你想駕馭別人，讓別人跟隨你，尊重你，願意為你效勞，那麼請給他這種感覺：被人重視的感覺。記得隨時把別人的名字放在自己的心上，這樣不僅在溝通方面能給對方留下好的形象和印象，更重要的是，在交往談話中不時地提及對方的名字，還能顯露出你的禮貌與自身的修養，增加你的魅力與親和力。

戴爾．卡內基曾說過：「一種既簡單又有效的獲取好感的方法，就是牢記別人的姓名。」記住別人的姓名，既是一種禮貌也是一種感情投資，在結交人脈的過程中會發揮意想不到的作用。在平日的交談中，如果你能在恰當的時機叫出別人的姓名，無疑會迅速拉近彼此間的心理距離。這在和不是很熟悉的人打交道時，尤為有效。

美國有一家電氣公司，其董事長每次請公司的代理商和經銷商吃飯，都會讓祕書事先把每位來賓的名字依次記下。這樣他在餐桌上就能正確地喊出代理商和經銷商們的名字，這使得他們驚訝不已，生意也就順利談成了。像這樣的事例在職場中不勝枚舉，它們生動地證明：記住別人的名字，是對別人的一種關心，也是一種讚美，能贏得別人的好感。當我們與不熟悉的人交往時，如果能在短時間內記住並喊出對方的名字，就等於巧妙而有效地讚美了對方。相反，如果別人告訴過你他的名字，而你叫錯了，甚至根本叫不出來，那就對你很不利了。別人可能覺得你根本沒有在意他，於是將你忽略掉。為了避免叫不出或叫錯別人的名字而鬧出尷尬，在你進公司的第一天，最好要用心一點，當別人介紹自己的名字時，你要努力記下來，為此你不妨準備一個本子和一枝筆，記下別人的名字、職位，抽時間去鞏固。第二天你和同事們見面時，若能準確叫出對方的名字，對方一定會認為你非常尊重他，你也會給別人留下好感。

法蘭西國王拿破崙三世（Napoleon III）曾經說過：「我可以記住我所見過的每個人的名字。」是他的記憶力超群嗎？不是，那他到底有什麼樣的方法，以至於能記住他見過的每個人的名字呢？其實很簡單。他沒有聽清楚別人的名字時，他會立即說：「十分抱歉，我沒有聽清楚您的名字。」此時對方會再說一次，這樣加深了印象，便於記憶。事實上，很多人之所以容易忘記別人的名字，多數是因為沒有集中精力聽別人自我介紹。所以，在別人作自我介紹的時候，我們應該全神貫注，讓對方覺得他的名字對你很重要。如果對方的名字很生僻，我們就要發揮想像力來記憶了。比如利用諧音或聯想法記憶，不僅記得快，而且印象深刻。還有，在談話過程中，要學會在恰當的時候重複對方的名字，並結合對方的外貌、言談等特徵，在心裡留下輪廓式的印象。

除了相貌上的特徵，我們還可以找出其他方面的特徵比如語速、語調、手勢、站姿等。當我們記下別人的特徵，同時與他的名字連繫起來就很容易記住別人的名字了。記住了別人的名字後，就要學會應用。下次再和他見面時，要抓住機會喊一次他的名字。當然，直呼其名也要注意時間和場合，如果不分時間和地點地亂喊，可能適得其反。

第 06 堂課

協調——追求 1 + 1 > 2 的效果

好團隊還要有好指揮

一個優秀的團隊，必須要有一個能拍板決策的人。傳統觀點認為，每個下屬應該而且只能向一個上級主管直接負責。沒有人應該向兩個或者更多的主管彙報工作。否則，這樣的下屬就可能要面對來自多個主管的衝突要求或優先處理要求。在統一指揮原則不適用的極少數場合，應該對活動作明確的區分，以便讓每位主管人員分管某一項工作。

現代管理學觀點認為，當組織相對簡單時，統一指揮概念是合乎邏輯的。但也有一些情況，如果嚴格遵照統一指揮原則行事時，會造成某種程度的不適應性，妨礙組織取得良好的績效。進行任何一項工作，都應該有必要的組織形式。領導者必須注意這一點。通常活動的組織，以 4 ～ 6 人最為適當，人少了而事情多時會疲於奔命，多了就往往人浮於事，就好像放在桌子上的電話機一樣，如果放 3 部的話也許就剛剛好，但如果放 6 部以上就讓人無法應付。

一般而言，在一個人數比較多的公司，就需要劃分若干部門。例如：一個 200 人的公司，可以分成 5 個部，每部 40 人，每部又分成 4 個科，每科 10 人的話，科下面還可設組，每組 4 人左右。給予部長、科長、組長適當的許可權，使他們負起相對的責任。那麼，作為公司的老闆指揮這 200 人就等於指揮 3 ～ 4 人一樣輕鬆了。部隊裡常用的編組法是三三制，即一個軍分為三個師，一個師分為三個團，一個團三個營，一個營分為三個連，一個連分為三個排，一個排分三個班等。這種編法具有相當的科學性，最容易指揮。

古時候，很多軍隊都是三人一組，以三人對付敵方一人，若不足三人，則寧可不戰，而如果多於三人，又往往將多餘的人另行編組，以使每個人的能力得到最大限度的發揮。如此，一般都能以小的損失取得大的戰果。當然，在現代的公司裡。也不必拘泥於三三制。由於其活動不像軍隊那樣激烈，所以一個主管可以指揮較多的下屬。如果一位處長有 20 多位下屬的話，他可以將其分成三個科，自己指揮三個科長，這樣，就不必自己一個個地指揮 20 多人，但又能達到指揮大多數的目的。指揮公司的大小與發布號令、命令、訓令等有很大的關係。在使用擴音器播放廣播體操的時候，一個人可以指揮成千上萬的人，這是因為這成千上萬人的動作是一樣的。而對於每個人的工作內容不同的情況，則一個人往往只能指揮頂多三個人，還可能指揮不好。必須指出的是，在進行工作編組的時候，一定要注意，每個人只能接受一個人的號令，如果出現一個人同時需接受兩個主管的不同的命令的話，那這種編組的方法就是不當的，很可能給工作開展造成損害。此外，團隊中可以採用梯級式管理。就好比很多人喜歡登山。登山需要有強健的體魄，真正的登山活動一般都在夜裡出發，不眠不休地到達山腰，然後在拂曉之前一鼓作氣登上山頂，從而體會那種征服的感覺。

假如我們將登山的方式引用到管理工作中，會怎樣呢？其實團隊中的每一個成員都像是登山者，他們做自己分內的事，他們喜歡主宰自己掌握的一切，他們願意靠自己的意思來實行、能按自己意願規劃實施一事，無疑證明了自己的價值，是相當具有吸引力的。同時，能有機會發揮顯示自己的實力，無疑也是為今後提升累積資本，而從獲得的充實感和成就感也是其魅力所在。以現有的事業為基礎，向更廣闊的前景發展是所有團隊成員的願望，在探索、開拓過程中，每前進一步都意味著成績的取得，因而情緒會一直處於興奮狀態。因此，從某種理想化的意義上來講，團隊成員更像是一個個有著旺盛鬥志的登山者。那麼，團隊主管就應該正確地引導他們的攀登方式及攀登方向，主管在向團隊成員分配任務時，只須從大面上掌握，告訴他們你的期望與需求，僅此而已。具體內容不必過於苛求。實施細節放手讓下屬去做，下屬肯定會樂此不疲。別忘了，下屬最大的願望就是自己規劃，發揮全力，開拓空間，走出自己的天空。

身為主管，此時更像是一個策略戰術問題的設計者，讓團隊按著你事先設好的策略路線和方向，一步一個臺階的向前發展。

用堅定的信念感染人

信念，是一種心理因素。信念領導力是戰勝挫折、贏得機遇的前提，也是切實的方法。自信的人首先忠誠於自己的信念，這種信念融入你的言行、舉止，讓你的舉手投足都在輔助你的語言所表達的資訊，因而讓人們相信你的能力和人格。

身為一個主管，信念是戰勝工作中的困難，力排干擾，掌握時局，打開局面，果斷決策和樹立主管威望的一個重要的心理優勢。對優秀的企業領導者來說，信念是成功主管必備的心態，是主管成就偉大事業的基礎。主管只有充滿必勝的信念，才會對自己的事業確信無疑，才能邁出堅定的步伐，才能產生克服任何困難的勇氣，才能隨時迎接來自各方各面的挑戰。信念的引導力量並不僅僅局限於信念者自身，它同樣可以影響別人，這正是信念成其為魅力的重要原因。企業主管具有頑強的信念，事業也就成功了一半，他可以用自己的信念去影響員工，使下屬認同、信服，進而願意為主管的目標服務。

信念是戰勝挫折、贏得機遇的前提，也是切實的方法。相信自己，相信明天。今天不自信沒關係，相信透過努力，明天會自信起來，很多事不是由於有些事情難以做到，我們才失去了信念；而是因為我們失去了信念，所以有些事情才顯得難以做到。有了信念，才能以最佳心態開展工作、履行職責；有了信念，才能以飽滿熱情開創事業、完成使命。運動員在賽場比賽，要爭得第一，爭得一流，不可沒有信念；求職者在人才市場應聘，要技壓群芳，求得賞識，不可沒有信念。一名合格的管理者無論是做競職演講，還是就職表態，必須保持良好的心理素養和精神狀態，以堅定的口氣、熱情的態度、積極的表現來贏得上級和群眾的支持，那麼信念是第一不可少的。

古往今來，每個有成就的人在其生活和事業的旅途中，無不以信念為先導。拿破崙就宣稱：「在我的字典裡沒有『不可能』的字眼。」正是這種信念，才激發出他無比的智慧和能力，使他成為橫掃歐洲的統帥和名將。那麼，在企業管理中領導者都需要有哪些信念呢？

第一，策略。身為一名管理者不僅要像一個高明的戰術家一樣去完成每一件事，更應該以一個策略家的姿態未卜先知，搶占制高點，從而在新的變化面前從容不迫。策略的立足點是現在，著眼點是未來；現代社會生活方式越來越複雜，範圍越來越廣泛，社會生活的各方面都會影響到全面。靠管理者的直覺來判斷社會活動未來發展的趨勢，靠經驗管理複雜多變的社會活動帶有很大的盲目性，且一旦發生失誤，損失巨大又無法彌補，管理者只有通觀全面，長遠考慮，研究規律，才能成為成功的企業家。

第二，科學決策。管理者應該確立科學決策觀。科學決策觀的確立，並不排斥個人的閱歷、知識、智慧和膽略，但是越益複雜的現代生活已然超出了個人能力的範圍而不得不求助於一套科學的體系。管理者首先要從思想上自覺實現這種轉變；其次必須透過學習培養較高的科學素養，把經驗上升到理論，上升到科學；再次就是要建立一套科學決策的體制、程序和方法，以輔正思想觀念的持久作用。

第三，危機感。在當今變化節奏加快，關係越更加複雜的情況下，競爭更是加快。就如體育運動是激烈的競爭，比賽的結果非勝即負，而戰爭是更加激烈的有關生死的競爭，這兩者都容易喚起人的緊迫感和危機感。危機感和緊迫感是動力之源，但是光有如此的感覺是不夠的，要把事業搞上去，還要有持之以恆的勇氣和勇往直前的奮鬥精神，而奮鬥勇氣和奮鬥精神來自必勝的信念，只有把危機感、緊迫感和必勝信念有機地統一起來，才能獲得事業的成功。很多人往往在做某事之前思前顧後，總怕失敗，因而總是邁不開步子，不是集中精力去爭取成功，而把精力耗費在避免失敗上，因此總是顯得步履維艱。從事任何開創性的工作都是關隘遍布、險阻林立的，沒有堅定的必勝信念作精神支柱，是不可能克服一個又一個困難，到達光輝的彼岸的。聞名世界的蘋果電腦公司，當年兩個年輕人創業時僅靠 400 美元貸款，租借一間廢舊汽車庫，在舊貨攤上購買一些零組件。他們抱著定能成功的信念，連續兩年每週工作 7 天，每天做 15 個小時，克服了許多看來無法克服的困難，分秒必爭地搞出新產品才獲得成功。

第四，時效。時間是物質運動的順序性和持續性，其特點是一維性，既不能逆轉，也不能儲存，是一種不能再生的、特殊的資源。有效地利用時間，便是一個效率問題。也可以說，效率就是單位時間的利用價值。人的生命是有限時間的累積。以人的一生來計畫，假如以 80 高齡來算，大約是 70 萬個小時，其中能有比較充沛的精力進行工作的時間只有 40 年，大約 15,000 個工作日，35 萬個小時，除去睡眠休息，大概還剩 2 萬個小時。生命的有效價值就靠在這些有限的時間裡發揮作用。提高這段時間裡的工作效率就等於延長壽命。

第五，資訊。在科學技術高速發展的今天，科學研究、經濟活動、社會生活每時每刻都出現並吸收、利用著大量的新的情報資訊。情報資訊系統已成為社會、經濟、科技活動的「血管」，而大量的情報資訊則成為社會賴以生存和進步的「血液」。這就要求人們尤其是現代管理者從科學技術、經濟、社會這一全面上正確認知它的策略地位和作用，積極主動地把資訊傳輸到社會各個領域，使之盡快地轉為直接的生產力。對於管理者來說，你的管理藝術在於能最敏捷地掌握資訊，最有效地運用資訊，從而能最果斷地做出正確的決策，去創造最大的業績。

另外，作為一個「開拓型」的管理者，資訊觸角必須廣泛，反應要靈敏，判斷要準確，並有靈活的應變能力。日本把情報能力比喻為「駝鳥的腿」，要腳踏實地一步一步前進，把情報意識比做「山鷹的翅膀」，翱翔萬里，瞬間進入一個新的世界，產生一種新的思想。對待資訊應該有這種「駝鳥的腿」、「山鷹的翅膀」。作為一名現代管理者就應該首先具有駕馭資訊的能力，並且要建立一套適合資訊社會特點的新管理模式。

企業規劃要注重細節

在企業發展過程中，有太多細節需要加以注意，但凡事都能做到細緻入微嗎？不一定。比如有過會議行銷經歷的人知道，無論會前如何縝密的準備，但是會中都會出現這樣或那樣的紕漏，總有不盡人意的地方。所以在經營過程中，我們是要注重細節，但更要優化細節。不要讓毫無價值的細節，損耗支配你的經歷。

有些細節無須深究，也很難深究，因為你沒有那麼多精力。所以要抓主要線索，就可以順藤摸瓜，找到你想要的答案。如果沒有線索，就根據蛛絲馬跡去破解。看過一些偵探片的朋友會發現一個特點，所有的偵探，都會第一時間在犯罪現場，尋找有利於破案的線索。而這個過程中要麼沒有頭緒，要麼有千頭萬縷的思緒，你不能被一葉遮目，需要撥雲見日，在雜亂無章的細節整理自己想要的線索。

身為一個企業主管，很多人只在乎自我感覺，其結果就是導致一言堂、一枝筆的現象。所有的細節在他面前被屏蔽，這樣的企業就會很危險。有些人天生不拘小節、放蕩不羈，對主要細節都視而不見，更不要說其他的細節。有管理者說：有必要嗎？我可以不注重細節，我的下屬會做相關的事情。我要把精力投向大方向，掌握企業前進的方向才是我應該考慮的事情。沒錯，老闆是要高瞻遠矚，但是關鍵部分的細緻調研、詳實的資料分析、競爭對手的策略、市場瞬息萬變的商機等這些不是下屬員工就能擔當的，如果可以，那麼取而代之只是時間的問題。

要當好主管，必須要做到長計畫、細部驟、精安排，這樣才能真正做好管理工作。制訂長遠規劃，是確定一個遠大的發展目標。這個目標要定得高一些，這樣，你的員工才會有動力和壓力使他們的潛能得以充分地發揮。拿破崙說：「不想當將軍的士兵，不是好士兵。」那麼，我們也可以說：「不想做大生意的商人，不是出色的商人。」當然，目標也不能定得太高，脫離實際，否則，看不到實現目標的希望，會讓大家都洩氣。最好是能將總目標具體化，並分解成小目標或階段性目標，使大家每前進一步，都能體驗到成功和勝利的喜悅。

要全面系統地分析實現既定目標的有利條件和不利因素，或者說，存在哪些方面的機會與威脅。然後，依據上面的分析，確定實現既定目標的具體方案。那些選擇起點高、規模大、投資多、週期較長的行業的店家，因為面臨的風險也較大，掉頭改行又不容易，所以，尤其要認真做好長遠規劃工作。如果是創辦一個公司，則更應重視制訂公司的長期經營計畫，有句話說得好：「只為今天而生者，必迎滅亡的明天。」只有一個長期的發展計畫，才能將現階段的經營變為一個連貫的有機整體。如何制訂長期經營計畫，方法很多，但一般來說，總離不開以下幾個步驟：

第一步，確立經營觀念，設定公司目標。這一步的關鍵在於不僅要把經營觀念或準則確定下來，而且要使其具體化，將總目標分解精細化，使其成為指導各部分業務工作的方針和努力的方向。

第二步，進行預測。不管新管理人的主觀意向如何，公司實際上是為客觀環境所包圍。公司如果忽略了對客觀環境的分析預測，長期發展計畫則不啻為不切實際。

第三步，構想經營計畫概要。經營計畫是根據公司的主觀定位和所處的客觀環境而加以確定的。為了實現私營公司的目標，必須突破客觀環境的限制。為此，必須決定用何種手段和如何實現公司目標的計畫體系。這一決定是建立在個別計畫與期間（階段）計畫基礎上的。

第四步，設立個別計畫。也就是確定各個部門的具體計畫。如技術部門的產品研發計畫，財務部門的資金計畫，生產部門的盈利計畫等。

第五步，設立期間（階段）計畫。重要的一點是要意識到：「計畫的本質在於選擇。」

第六步，編制預算。以預算形式表現出來的經營計畫即可交付具體實施。

除了要制訂長期規劃之外，管理者還需有一整套具體而詳盡的日常安排實施方法。一般來說，至少有五個時間是要安排具體方法的，這就是：每日、每週、每月、每季、每年的計畫。如每日之末。擬訂一個要在明天達到的成果和進行的主要活動的簡要提綱，按重要程序順序排列，把重要專案編上號碼。這將有助於明白醒來之時知道今天該做什麼，先做什麼，每週之末。在每週的最後一個工作日之末，花點時間檢查一下本週的主要活動，同上次計畫的成果進行比較，找出可以改進之處，擬訂出下週各項主要工作的提綱。若無重大變故，也可擬訂出下週每天要達到的一項或幾項主要目標。每月之末，總結本月的重大事件，並擬訂出下個月要達到的一些主要目標。可以計畫出下月的每一週你要達到哪一項主要目標。每季之末，檢查本季成果，同預期計畫比較，確定補救措施和改進方案。確定下季每月工作要點，確定一些重要的比率和反映工作業績的主要數位，觀察、分析公司的發展趨勢是否對路，制定相對的對策方案。每年之末。用一定的時間檢查本年的重大事件，分析自己的成功與失敗之處，然後按季度列出明年度每月工作的主要目標。

第 07 堂課

寬容 —— 宰相肚裡能撐船

給犯錯的員工留條出路

人的一生中，誰都會說錯話、辦錯事。當人們做了錯事，做了對不起別人的事的時候，總是渴望得到別人的諒解，希望別人把這段不愉快的往事忘掉。因此如果自己遇到別人有對不起自己的言行時，就應該設身處地、將心比心地來理解和寬容別人。

在企業管理中，企業主管在管人時，切忌一棒子打死人，因為任何一個人都會有情緒低潮、提不起勁、無法完成主管所交代的任務的時候。而且，同樣一件工作，有時候也會因時機、負責人的不同而「砸鍋」。管理者要給人機會，給人出路。有的管理者在激勵下屬時總是這麼說：「現在，正是我們公司關鍵時刻。各位要努力加油啊！」剛開始的時候，這番話的確是達到了不小的作用，大家都非常努力，兩年下來，就沒有人再願意拚命了。因為大家早就聽膩了那套老掉牙的說法了。其實從第二年開始就應該想些別的方法，而且是依每個人不同的個性加以個別輔導。然而，實際要做的時候就不那麼簡單了。就以遲到為例來說吧，你能隨隨便便罵一個一年遲到一兩次的人嗎？你能罵一個因為妻子突然病倒或是碰上交通堵塞而遲到的人嗎？這麼一想，到底什麼時候可以罵，什麼時候不能罵？僅判斷這個就已經很難了。而且有時候還會產生相反的效果，帶來不良的副作用。

那麼，到底該怎麼做才好？直接去問下屬 —— 這就是要訣。

古語說：「宰相肚裡能撐船。」對於現代人來說，主管的肚裡要能跑開火車才行。對於具有不同脾氣、不同嗜好、不同優缺點的人，你要學會去團結他們，因為你是一位領導者，你必須具備一顆平常之心。如果你的下屬看不起你，不尊重你，並且還和你鬧過彆扭，甚至你吃過他的虧，上過他的當，你仍要掌握好自己的心態，去團結他，也許你會說：我也曾努力試圖這樣做，但我就是做不到。是的，這樣做，也許對你來說太苛刻了一點。但是你想一想，當你走進一家百貨商店購買商品，或者到一家飯店接受服務，如果服務員對你態度溫暖如春，你自然是心情舒暢，十分滿意。如果對方是一副鐵板一般冷冰冰的臉孔，話語諷人，對你的合理要求不理不睬，進而聲色俱厲，你又會如何應對呢？

這種情況下，生氣是難免的。如果你每遇到此類情況，就和對方大吵大鬧一場，最後以悻悻離去而收場，冷靜下來，仔細想一想，難道你不該捫心自問：這樣兩敗俱傷，又何必呢？其實仔細考慮一番，事情就是這麼簡單。領導者只有敞開胸懷，團結各種類型的人，包括那些與自己有隔閡、有矛盾，甚至經常對你評頭論足、抱怨不息的人，才能群策群力，集思廣益，使自己所在公司的事業和自己的工作與日齊升。

任何一位偉大的事業家都具備寬容的大度，只是有時我們沒有注意到罷了。如果你的下屬義正辭嚴地指出你工作中的錯誤，你會怎麼辦？認為他使你難堪，挑戰你的主管權威而暴跳如雷，並且發誓以後一定要還以顏色？還是認真地聽取意見，即便是他所提出的批評並不成立，仍然表現出一種寬宏大量，對這一切並不計較。聰明的總經理當然會選擇第二種答案。在你的團隊中，不可能每個人都會覺得你很優秀，而尊重你，佩服你。總有一些人會背著你做一些對你不利的小動作，對這一切你大可不必太緊張。將這些暫時拋開，與他進行一次認真的溝通，表現出你的寬容，他一定會被你的言辭所感動。

己所不欲，勿施於人。希望別人寬容自己，自己也應該寬容別人，不情願別人苛求自己，也就不應該苛求別人。「責人之心責己，愛己之心愛人」，就一定能豁達地寬容別人了，寬容不會失去什麼，相反會真正得到；得到的不只是一個人，更會是得到人的心。西方有一條為人處世的「黃金規則」：「你待人當如人之待你。」的確，別人對待你的方式是由你對待別人的方式決定的。總經理只有在有權力責罰卻不責罰的時候，才是一種寬容；只有在有能力報復卻不報復的時候，才是一種寬容。任用人才的一大寶典，就是要有這種寬容的品德。

一個人能夠做到不仗勢欺人，有甘願請暗算自己的魔鬼吃櫻桃的度量，將會取得偉大的成就。這種內在的優良品德，發揮出來的能量，就是人們常說的「大度」。測度一個人物的成功大小，必須以寬容的標準去衡量他。只有對人寬容，才能更好地掌管人、使用人。「以恨報怨，怨恨就無窮盡；以德報怨，怨恨就會化解。」這是佛經的要旨，處世的準則。

耐心對待工作中的抱怨

被下屬抱怨是一件很正常的事，因為一個管理者往往要帶領很多下屬，不可能面面俱到，一時疏忽，就難免會招致來自下屬抱怨。對於下屬的抱怨該如何處理就成為一個非常現實的問題。

如果你處在一個負責管理或者執行的位置，你可能認為你沒必要去聽雇員的抱怨，你會認為自己工作多得忙不過來，要考慮降低成本，要完成定額還不能超期限，要提高生產效率，提高產品品質，還要參加沒完沒了的會議。不僅如此，你還會說公司有專門管生產的經理，有專門處理個人問題的人事部門，還有顧問，員工可以去找他們解決有關薪資、工作條件等各方面的問題，這種想法是錯誤的。聽取一個雇員的抱怨和訴苦是居於主管位置的每位管理者的義不容辭的責任，也可以說是最重要的責任。

下屬中最普遍的抱怨形式就是嘮嘮叨叨把自己的一肚子不滿傾倒出

來，對此，管理者絕不能裝作聽不見。相反，你一定要做下屬的聽眾。獲得駕馭人的卓越能力的最快捷、最容易的方法之一就是用同情的心理，豎起耳朵傾聽他們的談話。要成為一個好的聽眾，你必須做到以下幾點：

第一，要學會什麼都能聽得進去。不知道還有什麼比當一個人想同你談話時卻遭到你的拒絕更能羞辱他的人格和傷害他的感情了。在聽人講話的幾分鐘時間裡，你必須將自己百分之百的注意力集中到對方身上，細心傾聽他所說的話，你必須調動起自己的全部精力和知覺聽人家講話，你能夠做到這一點，也必須做到這一點。

第二，完全忘掉自己。如果你打算成功地運用這種技巧，你必須強迫你的自我給別人的自我讓路。這一點對於一向以自我為中心的大多數人來說，一開始是比較困難的。對於我來說，我是一切事物的中心，世界要圍繞著我旋轉，但就你而言，你又是一切事物的中心，世界又要圍繞你旋轉，幾乎我們所有的人都在不斷地爭取成為這個中心。除了睡覺以外，人們把大部分時間都花費在企圖得到某種重要的社會地位上去了。但是，如果你想獲得卓越的駕馭人的能力，就一定不能那樣做，你必須訓練自己的意識，將強調自己的習慣向後移動一下，你必須暫時放棄想把自己放在一個眾人矚目的位置上的想法，而要讓別人占據一會兒那個位置。

第三，要有耐心。有耐心也不是一件很容易的事，尤其是在你有急事要辦，可某個人非要告訴你一些無關痛癢的事情的時候，更不容易耐住性子。有時候，有些人簡直把你逼得走投無路，沒有辦法你只好硬著頭皮聽，你恨不得他趕快把話說完，但每次聽完之後，你都要大大誇獎他一番，因為他的建議正確又合乎邏輯。當然，偶爾你也不得不聽一些廢話。但與那些好主意相比，這是微不足道的！鍛鍊耐心傾聽的最好方法就是不批評人，不急於下結論，不管你怎樣忙都不能這樣。在你發表看法之前，最好是冷靜地思考一番，尤其是那些可能毀壞對方的自我意識、尊嚴和自尊心的事情，就更不能輕易下斷言。無用的批評從來都不是取得駕馭別人的方法。在大多數情況下，忍耐只不過是一種等待、觀察、傾聽，平心靜氣地袖手旁觀，直到你想幫助的這個人對自己的問題得出了答案。

第四，要關心別人。在你期望能夠獲得駕馭別人的卓越能力之前，必須得會關心別人。如果你做不到真正地關心那個人和他的個人福利，你得認真傾聽、忘掉自己或者保持耐心就都變得沒用了。關心別人是建立深厚而持久的人際關係的基礎，也是獲得駕馭人的卓越能力的必經之路。

第五，聽懂下屬的弦外之音。在部分情況下，你從下屬的言談中學不到多少東西，但從他的所作所為中卻能學到不少東西，這就要求你要學會聽言外之意和弦外之音，你很清楚，他不說他討厭他並不意味著就喜歡他。說話者並不總是怎麼想就怎麼說的。你不僅要觀察他說話的聲調的變化，還要觀察他音量的變化。你會發現，他的意思正好與他說的話相反，你要注意他的臉部表情，他的儀態，他的姿勢，以及他雙手的動作，乃至全身的動作。要成為一個優秀的聽眾，不僅需要你張開耳朵，還需睜開眼睛。

第六，做出正面、清晰的回覆。員工對公司有抱怨、不滿，有利益摩擦，管理者應該充分重視並要查明原因。最好聽一聽他的意見。傾聽不但表示對投訴者的尊重，也是發現抱怨原因的最佳方法。對於員工的抱怨應該做出正面清晰的回覆，切不可拐彎抹角，含含糊糊。對於員工的抱怨，在處理時，應該形成一個正式的決議並向員工公布，在公布時要注意認真詳細，合情合理地解釋這樣做的理由，而且應該有安撫員工的相應措施，做出改善。應盡快行動，不要拖延，不要讓員工的抱怨越積越深。

不強求每位員工都喜歡你

人都是有權力欲的，因為這樣即可以支配環境，又能帶來心理上的滿足。在職場上，不少管理者往往過度注重自己的權威，希望下屬對自己言聽計從。但是，聰明的管理者懂得，只要能夠把工作做好，能不能施展手中的權力是無關緊要的，在員工心目中是否有權威，也是次要的。

有位負責一家大型出版集團的主管，是該公司比較有影響力的一個部門，他手底下有 100 多個作家、編輯和畫家。這些人都非常聰明、有創造性並且富有經驗，但是，他們稍有不滿就經常大發脾氣。由於他剛剛被調公司管理層不久，所以一開始，他還不便於對公司事務說些什麼。幾個月以後，他發現有一個編輯，經常在重要的編輯方案上磨磨蹭蹭。於是，這位主管提出要求在近期內看到一些這個人所編輯的文字。但是，出人意料的是，這位編輯聳了聳肩，說了一個不能稱之為藉口的藉口。由於首次出擊就遭受了挫折，這位主管決定要壓一壓這個編輯的銳氣，便以勢壓人地說：「你必須按照我所說的去做，因為你是在為我工作！」沒有想到，這位編輯回答說：「你想得美。我根本就不是在為你工作。我是在為公司工作。你只不過是湊巧被公司安排過來，成了我的主管而已。」也許，這位編輯只是在咬文嚼字而已。但是事後，這位主管對編輯的話再三品味，終於發現了問題。

如果說，一個管理者的權威，是以員工忠誠地為他工作為基礎的，那麼，反過來，如果員工不是在忠誠為他工作的話，這就說明，他在那個員工的心目中沒有權威，因此，也就談不上對這個員工使用權威。作為一個管理人員，你不可能讓所有的人都擁護你，總會有人恨你，有人懷疑你，不管他們到底出於什麼原因。有時，即使有些人一開始對你忠心耿耿，他們也可能會收回他們對你的忠心和支持。就這些人來說，如果他們不對你表示支持的話，就會對你表示反對。後來，這位主管解釋說：「如果有人明確地告訴你說，他不是在為你工作，那麼他就是在明確地告訴你，你在他心目中根本就沒有任何位置，他這是在你和他之間畫了一條界線。因為他認為，和你在一起工作是很令人不愉快的。這根本就不是什麼主觀臆測的小摩擦，搞不好會演變成一場戰爭。」很明顯，那位編輯對這位主管的提升心懷嫉妒，並且已經是溢於言表了。

「這也不能說是什麼壞事，」這位主管說，「從另一個角度來看，這也是一件好事。也就是說，那位編輯在教我怎麼用我的智慧或者別的什麼東西來對付他。情況是很微妙的。由於工作關係，我不可能不和他打交道，因為他是編輯，我總得要他做些什麼。如果我對他直接提出要求的話，他總會找到藉口來對抗我。如果我以權力壓他，那麼他可以陽奉陰違，因為我在他那裡並沒有什麼權威可言。我應該怎麼辦呢？後來，我終於找到了一個辦法。從那時起，如果我有什麼事情需要那位編輯來做的話，那麼我就不會直接向他提出來，我會找一個關係跟他比較要好或者是他比較敬重的人，由這個人來向他提出建議或者暗示他應該怎麼做，讓他認為，這都是這個中間人的主意。透過這種辦法，我就可以毫不費力地達到我的目的。無論如何，我來這個部門，不是為了來跟別人意見不合的，而是來工作的。」

管理者對那些不喜歡自己的員工不要強制苛求，要學會運用策略，運用智慧，以迂迴的方式來讓其配合你的管理工作。

第 08 堂課

平衡 —— 過猶不及，中庸之道

掌握恩與威之間的平衡

身為一個主管，在對待下屬方面，要平衡好苛責和感情輸入的關係。苛責過度，下屬認為你不近人情，缺乏理解，從而產生反向心理，消極怠工，不願幹出成績；感情輸入過度，會使主管顯得比較軟弱，缺乏應有的威懾力，下屬也會對其的命令或批示執行不力、甚至是置若罔聞。

管理者如何才能更好地掌握這個尺度呢？你可以從以下幾點去做。一是要記住讚揚是必要而且有效的。哪怕是下屬只是有了一點小小的進步，也不要忘記對他表示你的讚揚和認可；二是要成為言出必行，言而有信的主管，這樣的領導者更容易產生威懾力。制定的規章制度，一經形成並得到下屬的認可就應產生效力，無論是誰，都該按制度做事。當然，自己應該首先遵守；三是某些自己可以做的事情就盡量自己去完成，不要總是麻煩你的下屬；四是地位和交流同等重要，整天板著臉孔並不能增加你的主管魅力；五是不要以為自己是全知全能的，你可以從下屬身上學到很多東西；六是工作之餘，參與下屬組織的關於熱門話題的討論。但不要忘記你是領導者，這樣的「小型座談會」應該由你首先決定在恰當的時候結束；九是不要因為兩次類似的失誤而完全否定個別下屬的能力，大家都有過犯錯誤的經歷。時機允許的情況下，你可以把任務交給他一個人去完成，這樣他會更加謹慎小心地完成這項他認為來之不易的工作。

工作中，你交給下屬去完成的工作非常多，你也不可能每件事都一一過問，所以其完成的結果往往並不能與你預想的相一致，遇到這種情況，不要一味地對下屬大加責難。只要事有所成而沒有搞砸，那麼你就有必要進行讚賞。來看一個美國公司老闆的自述：

基恩是美國紐澤西州的一家證券公司的經理。他雖很年輕，但他的經營業績卻比許多在證券業發展多年的經營人還要好，而且他的下屬們也個個精明強幹，都能很好地完成自己的業務。基恩的工作就是統籌調配，做好整個公司的總體掌握。許多公司都想從他身邊挖走他的助手，但沒有人成功過，他們好像黏在一起似的，是一個具有極強凝聚力的團體。那麼，是不是他和他的助手都比別的從事證券業的人更有能力呢？從基恩自己的敘述中我們即可盡解詳情：「許多人都以為我們的公司職員個個都非常出色，其實這犯了一個大錯誤，在很多時候，這些愣頭愣腦的傢伙都把交給他們的工作弄得一團糟，搞得客戶對他們甚為不滿，我就得放下手中的工作為他們填補這個漏洞。有時我就想，我這是做什麼呢，我甚至想解僱他們，但最終我忍住了自己的脾氣。

不要以為我會因此饒恕他們，我會狠狠地批評他們一頓，甚至把他們說得一無是處。但是我仍舊會把工作交給他們去做，而且對象仍是他們所得罪的老客戶。自己惹下的禍事得由自己來搞定，否則就可以退出，我不會阻攔的。我會在自己認為恰當的時候把我的誇獎毫不吝惜地分給他們。至於物質獎勵，我也擅長，我讓他們自己選擇應該獲得物質獎勵的人，而他們的選舉結果也往往與我的想像大致合拍。我不以為自己做得很出色，應該說我也許付出了比別人更多的努力。我相信一分辛勞，一分收穫的古訓，而我的下屬們也非常贊同這個觀點。」該強硬的時候必須強硬，該溫情的時候也必須溫情。下屬的潛能究竟有鄉少，有時連他自己也弄不清，而能夠使其盡情發揮的原動力就是你的工作方法（正確而有效的方法）。使其感到尊嚴的存在卻又承認你的主管地位，同時讓他明白工作不單是為他個人，也是為了整個團體，這樣就能使下屬更好地努力工作。

如果有一天你一覺醒來，覺得自己情緒非常糟，甚至連你平常很愛的妻子和孩子都看不順眼，總是和他們發一頓脾氣，那麼你一定要不停地提醒自己，切莫發火。如果有可能，你可以找自己最親近的人傾訴一番，或者找個機會把心頭鬱積的火氣發洩一下。千萬別帶著這種煩悶煩躁的情緒去工作，否則你的下屬將會遭殃，他們也會因此而喪失對你的信心。因為你連基本的自制力都沒有，就更不用說成為優秀的管理者了。精神煩躁，心緒不寧甚至坐立不安是繁重勞動的負效應，這是很正常的，你不要因此而以為自己是成就不了大事業的人。遇到這種情形，最重要的是你要先設法使自己平靜下來，而後才能考慮其他事情。一個成功的管理者，不能靠情緒統馭你的下屬，而要依靠你的頭腦、智慧及你的分析能力。

下屬們所怕的不是你狠狠地責備他們，而是不給他們以表現自己的機會。所以，對於下屬，責備、批評和承認、讚賞同等重要，責備和批評能夠激發下屬改進的熱情，而承認和讚賞則恰恰能激發下屬創新和進取的欲望。古代有許多傑出的軍事家和領導人物，一方面他們有著卓越的指揮作戰才能，另一方面也有著高超的統馭下屬的能力，這些下屬肯為他們做一切可以做的事情，甚至犧牲自己的生命。關鍵是他們能夠融情於理、於法，法情並重，情理並重。

掌握獎與罰之間的平衡

管理者管人必須依靠獎懲手段，做到該獎則獎，該懲則懲，兩者分明，這樣就能明紀，讓大家都有前途。具體說來可以從以下兩個大方面去努力：

第一，獎勵原則

獎勵獎賞和鼓勵，促使其保持和發揚某中作用和作為。獎勵的方法是多種多樣的，一般分為物質獎勵和精神獎勵以及兩種獎勵的結合。物質獎勵滿足人們的生理需要，精神獎勵滿足人的心理需要。為了增強獎勵的激勵作用，實行獎勵時應注意下列技巧性問題：

一是物質獎勵和精神激勵相結合。進行獎勵，不能搞「金錢萬能」，也不能搞「精神萬能」，應該把物質獎勵和精神激勵相結合。

二是，創造良好的獎勵氣氛要發揮獎勵的作用，就要創造一個「先進光榮，落後可恥」的氣氛。在獲獎光榮的氣氛下獎勵，能使獲獎者產生榮譽感，更加積極進取。未獲獎者產生羨慕心理，奮起直追。而在平淡的氣氛下獎勵，降低了獎勵在人們心目中的地位，很難發揮激勵作用。

三是，及時予以獎勵。這不僅能充分發揮獎勵的作用，而且能使員工增加對獎勵的重視過期獎勵成了「馬後炮」，不僅會削弱獎勵的激勵作用，而且可能使員工對獎勵產生冷淡心理。唐代政治家柳宗元認為「賞務速而後有勸」，他主張「必使為善者，不越月逾對而得其賞，則人勇而有焉」。他說的「賞務速」就是獎要及時的意思。同時，獎勵要及時兌現，取信於民。「信」是立足之本，言而無信，當獎不獎，員工就會感到受騙，從而產生反感情緒。

四是，獎勵要考慮受獎者的需要和特點。獎勵只有能滿足受獎者需要，才會產生激勵作用。因此，獎勵廳應注意摸清受獎者需要什麼，不需要什麼，根據不同需要給予不同獎勵。

第二，懲罰原則

懲罰的作用在於使人從懲罰中吸取教訓，消除某種消極行為。懲罰的方法也是多種多樣的，如檢討、處分、經濟制裁等。懲罰作為一種教育和激勵手段，本來是一般人所不歡迎的，因為它不是人們的精神需要，如果掌握不好，則容易傷害被懲罰者的感情，甚至受罰者為之耿耿於懷，由此消極和頹唐下去。但是，只要我們講究懲罰的藝術，不僅可以消除懲罰所帶來的副作用，還能夠獲得既教育被懲罰者又教育了別人，化消極因素為積極因素的效果。在實行懲罰時要注意以下幾點：

一是，懲罰與教育相結合。懲罰的目的是使人知錯改錯，棄舊圖新。因此，要把懲罰和教育結合起來。這個結合的常用公式是「教育 —— 懲罰 —— 教育」。就是說，首先，要注意先教後「誅」，即說服教育在先，懲罰在後，使人知法守法，知紀守紀。這樣做可以減少犯錯誤和違紀行為，即使犯了錯誤，因為有言在先，在執行法紀時，也容易認知錯誤，樂於改正。如果不教而「誅」，則人們就會不服氣，產生怨氣。其次，要做好實施懲罰後的教育工作，使他正確對待懲罰，幫助他從錯誤中吸取教訓，改正錯誤。

二是，一視同仁，公正無私。懲罰對任何人都要一視同仁，要以事實為依據，以法律為準繩，不因感情用事。對同樣過錯，不能因出身、職位、聲譽和親疏緣故而處理不一，表現出前後矛盾，甚至輕錯重處，重錯輕處。這樣的懲罰只會渙散人心，鬆懈鬥志，毫無激勵的價值。要做到公正無私，首先要「懲不畏強」。不能欺軟怕硬，懲弱怕強。要勇於碰硬，特別對於那些逞凶霸道、蠻不講理之徒，要拿出魄力，看準「火候」，勇於懲治那些害群之馬。這樣做，能夠警醒一批協從者，教育一些追隨者，使正直的人們為之拍手稱快，幹勁倍添。其次，要「罰不避親」。要做到「親者嚴，疏者寬」，對於親近者的過錯更要果斷而恰如其分地處理，不徇私情，必要時要「大義滅親」。只有這樣，才能贏得群眾的擁護，從而激起人們的工作熱情。

三是，掌握時機，慎重穩當。一旦查明事實真相就要及時處理，以免錯過良機，造成更大危害。適時是指掌握恰當的時機，看準火候。什麼是懲罰的最佳火候呢？其一，事實已查清，問題性質已分清；其二，當事人已冷靜下來，對問題有所意識；其三，其錯誤的危害性已為群眾所意識到。具備這三個條件，就是懲罰的恰當時機。這三個條件要靠懲罰者去創造，不能消極等待時機。懲罰，還應注意穩當，不能一味蠻幹，有的適合放一放，以免火上加油。特別是對一個人的首次懲罰，更要慎重穩當，要十分講究方式方法。當然，也不能久拖不決，否則，時過境遷，就會降低懲罰的效果。

四是，功過分明。功與過是兩種性質完全不同的行為要素。功就是功，過就是過，不能混合，也不能互相抵消。因此，在實施激勵時，有功則賞，有過必罰，功過要分明。絕不能因為某人過去工作有成績或立過功，就對他所犯的錯誤姑息遷就，搞所謂以功抵過。同樣，也不能因為一個人有了錯誤，而一筆抹殺他過去的成績，或對他犯錯誤後所做的成績不予承認，不予獎勵。這樣做也是不利於犯錯誤者進步的。對於一個人犯錯誤以後做出的成績，更應注意給予肯定和獎勵，這樣才能使他們看到自己的進步。

用失敗為成功鋪路

人活一輩子不可能做到一帆風順，一生當中總會遇到困難。但是不管怎麼樣，無論你因為什麼跌倒了，跌得如何，一定要記住：爬起來！在跌倒後又爬起來的一剎那，已經證明你擁有了成功的最大強項 —— 承受任何打擊的決心。為什麼一定要爬起來，原因主要有以下幾個理由：人性是看上不看下，扶正不扶歪的。你跌倒了，如果你本來就不怎麼樣，那別人會因為你的跌倒而更加看輕你；如果你已有所成就，那麼你的跌倒將是許多心懷嫉意的人眼中的「好戲」。所以，為了不讓人看輕，保住你的尊嚴，你一定要爬起來！不讓他人看，不讓他人笑看。如果你因為跌重了而不想爬，那麼不但沒有人會來扶你，而且，你還會成為人們唾棄的對象。如果你忍著痛苦要爬起來，遲早會得到別人的協助；如果你喪失「爬起來」的意志與勇氣，當然不會有人來幫助你，因此，你一定要爬起來！

一個人要成就事業，其意志相當重要。意志可以改變一切，跌倒之後忍痛爬起來，這是對自己意志的磨練，有了如鋼鐵的意志，便不怕下次「可能」還會跌倒了。因此，為了你以後漫長的人生道路，你一定要爬起來！有時候人的跌倒，心理上的感受與實際受到傷害的程度不一樣，因此你一定要爬起來，這樣你才會知道，事實上你完全可以應付這次的跌倒，也就是說，知道自己的能力何在，如果自認起不來，那豈不浪費了大好才能？

總而言之，不管跌的是輕還是重，只要你不願爬起來，那你就會喪失機會，被人看不起，這是人性的現實，沒什麼道理好說。所以你一定要爬起來，並且最好能重新站立起來。就算爬起來又倒了下去，至少也是個勇敢者，但絕不會被人當成弱者。現實生活中就有不少人做過很多事，最後才找到適合他的行業。而且，只要能夠成功，誰還在乎你從哪裡爬出來的？征服畏懼，戰勝自卑，不能誇誇其談，止於幻想，而必須付諸實踐，見予行動。

培養建立自信最快、最有效的方法，就是去做自己害怕的事，直到獲得成功。具體說可以從以下幾點去做：

- **突出自己，挑前面的位子坐**：在各種形式的聚會中，在各種類型的課堂上，後面的座位總是先被人坐滿，大部分占據後排座位的人，都希望自己不會「太顯眼」。而他們怕受人注目的原因就是缺乏信心。坐在前面能建立信心。因為敢為人先，敢上人前，勇於將自己置於眾目睽睽之下，就必須有足夠的勇氣和膽量。久之，這種行為就成了習慣，自卑也就在潛移默化中變為自信。另外，坐在顯眼的位置，就會放大自己在主管及老師視野中的比例，增強反覆出現的頻率，達到強化自己的作用。把這當做一個規則試試看，從現在開始就盡量往前坐。雖然坐前面會比較顯眼，但要記住，有關成功的一切都是顯眼的。

- **睜大眼睛，正視別人**：眼睛是心靈的視窗，一個人的眼神可以折射出性格，透露出情感，傳遞出微妙的資訊。不敢正視別人，意味著自卑、膽怯、恐懼；躲避別人的眼神，則折射出陰暗、不坦蕩心態。正視別人等於告訴對方：「我是誠實的，光明正大的；我非常尊重，喜歡你。」因此，正視別人，是積極心態的反映，是自信的象徵，更是個人魅力的展示。
- **昂首挺胸，快步行走**：許多心理學家認為，人們行走的姿勢、步伐與其心理狀態有一定關係。懶散的姿勢、緩慢的步伐是情緒低落的表現，是對自己、對工作以及對別人不愉快感受的反映。倘若仔細觀察就會發現，身體的動作是心靈活動的結果。那些遭受打擊、被排斥的人，走路都拖拖拉拉，缺乏自信。反過來，透過改變行走的姿勢與速度，有助於心境的調整。要表現出超凡的信心，走起路來應比一般人快。將走路速度加快，就彷彿告訴整個世界：「我要到一個重要的地方，去做更重要的事情。」步伐輕快敏捷，身姿昂首挺胸，會給人帶來明朗的心境，會使自卑逃遁，自信滋生。
- **練習當眾發言**：面對大庭廣眾講話，需要巨大的勇氣和膽量，這是培養和鍛鍊自信的重要途徑。在我們周圍有很多思路敏銳、天資頗高的人，卻無法發揮他們的長處參與討論。並不是他們不想參與，而是缺乏信心。在大眾場合，沉默寡言的人都認為：「我的意見可能沒有價值，如果說出來，別人可能會覺得很愚蠢，我最好什麼也別說，而且，其他人可能都比我懂得多，我並不想讓他們知道我是這麼無知。」從積極的角度來看，如果盡量發言，就會增加信心。不論是參加什麼性質的會議，每次都要主動發言。有許多原本木訥或者口吃的人，都是透過練習當眾講話而變得自信起來的，如蕭伯納（George Bernard Shaw）、田中角榮、狄摩西尼（Demosthenes）等。

- **學會微笑**：大部分人都知道笑能給人自信，它是醫治信心不足的良藥。但是仍有許多人不相信這一套，因為在他們恐懼時，從不試著笑一下。真正的笑不但能治癒自己的不良情緒，還能馬上化解別人的敵對情緒。如果你真誠地向一個人展顏微笑，他就會對你產生好感，這種好感足以使你充滿自信。正如一首詩所說：「微笑是疲倦者的休息，沮喪者的白天，悲傷者的陽光，大自然的最佳營養。」

第 09 堂課

原則 —— 為人處世的基準線

企業決策要按原則出牌

在領導他人的過程中，不要只是管教性地領導，而是要建立一系列的原則，讓原則來領導人，才能真正地實現每個員工的能力最大化。身為管理者，許多問題都要講原則，講規矩。俗話說：「家有家規，行有行規。」

通常情況下，管理者在做出科學決策的時候，需從以下幾點原則考慮：

- **現實性原則**：管理者作為領導主體的行為有著非常強烈的現實性，這一點尤其展現在決策工作上。
- **創造性原則**：由於管理者性質本身就決定了他必須以創造性為主要行為特徵，所以整個管理者工作都必須是、也必然是充滿創造性的。
- **務實性原則**：管理者的工作既然是講求實際的，那就應實事求是地在得來現實資訊之後，抓住現實問題、著手屬於自己的工作。
- **靈活性原則**：管理者的決策關係著整個團隊的生死存亡，沒有扎實的原則性做保障必定會出現嚴重問題，但事情也隨時隨地在是變化之中的，因此一定要在原則性的前提下靈活決策。
- **時效性原則**：每個管理者都明白機不可失，時不再來這個道理。所以管理者在決策時必須做到及時、快速、果斷。這關係到你所作決策是否能夠及時解決問題，是否能夠迅即產生良好效果和效應。如果管理者決策慢吞吞、拖泥帶水，那麼就會喪失機遇，就會造成嚴重損失和其他一系列嚴重後果。這即要求領導主體必須在決策過程中做到及時不誤、順勢應變，確保效果，追求效率。
- **科學性原則**：這是每個管理者在做決策時最起碼應遵循的準則。既然要搞科學決策，那麼就必須保證以最飽滿的科學精神，貫徹於最具體的決策過程之中。其核心一條，就是要尊重科學，運用科學手段，做出科學決策。

· **系統性原則**：現代決策所要處理的問題比過去任何時候都複雜，彼此之間盤根錯節、互為因果。如果孤立、靜止、片面地看待它們，就不能準確、全面、正確地認識和掌握它們，也不能做出正確的決策。系統性本身是科學性的表現。因此，管理者決策就必須做到系統全面，嚴謹規範。管理者決策是一種目的明確的活動。這個目的就是要以完全負責的精神和自覺性去做好決策工作，確保能夠正常履行主管職能職責，為所領導的群體和組織做一些有用的事情，解決他們的問題、滿足他們的願望和需要；而這在本質上則是服務，在形態上卻是價值。因而，管理者決策就必須確保具有鮮明的價值性。

身為管理者，在原則問題上一定要堅定不移，不能有動搖；在非原則問題上，要靈活一點、寬容一點、大度一點，這樣才能贏得下屬的心。

主管管人要以身作則

所謂主管，其實只是一個職務而已，具體做事的還是人；只官職主管是一種符號，符號可以擦掉，但人不可以擦掉，做官一陣子，做人一輩子，做人，素養是第一位的。在競爭激烈的職場上，作為企業的管理者，更應該遵循的行為準則，來規範和約束自己的言行，以身作則，以德服人。在日常管理工作中，管理者都需要注意哪些方面的原則呢？

第一，為人謙虛。要以謙虛的態度尊重別人，團結員工，學人之長，補己之短，不恥下問，拜人為師。人不可自負，自負是謙虛的大敵。不論官職有多大，做出多大成績，獲得多少榮譽，自己都要頭腦冷靜，做到有自知之明，不驕傲，不自滿，尤其是不狂妄。要牢記，虛心使人進步，驕傲使人落後。「上帝讓你滅亡，首先叫你瘋狂。」傲氣、霸氣十足的管理最不得人心，下屬最反感那些抬腿不知高低、說話不知深淺的狂妄管理。不擺官架子，密切連繫群眾，平易近人，是管理者的基本素養。

第二，好心感人。身為管理者，最基本的一條就是心腸要好。要帶著良心，帶著感情，帶著責任去做工作。以自己的好心來感動人、影響人。在工作中讓下屬感受到自己的真誠，感受到自己的善心。在不違背原則的情況下，盡可能幫助員工解決一些涉及切身利益的事。在批評和處分下屬時要從關心人、愛護人、幫助人的目的出發，而不是踩人、壓人，欺負人。工作不能不惹人，但要以自己的用心良苦贏得部下的理解，不管別人怎樣對你，你都應真誠地對待別人。

第三，公道對人。管理者要出以公心，嚴格管人主要是獎罰分明。矛盾的產生，往往是做事不公造成的。做事要公，須做到：一是公正。按原則做事，按規矩做事，不能個人說了算，提倡有主見，反對主觀。二是公道。待人公道，作風正派，做事要合乎民心，一碗水端平，握好一桿秤。三是公開。做事要有透明度，要讓大家清楚事情的來龍去脈，不要躲躲閃閃，神神祕祕。四是公明。要善於明辨是非曲直，當面說你好的人未必對你是真心，當面罵你的人未必對你有壞心。要以全面、辯證、發展的觀點看待人和事，切忌道聽途說。一切從工作出發，一切為大局著想。

第四，務實帶人。身教重於言傳。要撲下身子做工作，全神貫注做事業。能挑一百斤絕不挑九十九斤。自己做的不如人，不在人前教訓人。管理要有感召力、凝聚力，關鍵是自己本事扎實。人的威信是做出來的，而不是吹出來的，捧出來的。管理處處起表率，是個實業家，必然會影響和帶動下級苦幹務實，務實興邦，空談誤國。說一千道一萬，真抓務實是關鍵。火車跑得快，全憑車頭帶。改變一個企業的面貌，管理必須帶頭務實。

第五，謹慎做人。古人云：「吏不畏吾嚴而畏吾廉，民不服吾能而服吾公。公則民不敢怠，廉則吏不敢欺。」對管理者來說，廉潔、公正是很重要的。正其心，修其身。要不斷提高自身的政治素養。特別要注意自身學習與修養。「以銅為鏡，可以正衣冠；以古為鏡，可以知興替；以人為鏡，可以一明得失。」對管理者來說，最重要的一條是嚴格要求自己，工作要敢闖、敢冒，而做人卻不能什麼都不怕，什麼都無所謂，什麼都敢做，不考慮後果，讓人說三道四。我們要盡量做到：不犯錯誤，少犯錯誤，慎言慎行。

第六，嚴格管人。管理者在嚴格要求自己的同時，要求部屬也應從嚴。古人說，沒有規矩，不成方圓。嚴格管人，有助於形成良好的風氣，高尚的情操，奮鬥的精神。嚴格管人，可以帶出一支有理想、有紀律、特別能戰鬥的隊伍。而管理鬆懈，帶出的隊伍必然是鬆鬆垮垮、拖拖拉拉、毫無戰鬥力，必然會打敗仗。管理者應該揚善抑惡，要表揚，鼓勵對的，批評常犯錯的！

追求正向健康的生活方式

很多人都羨慕一些高管的高薪待遇，但待遇的背後也意味著更大的責任，工作壓力，社會壓力，家庭壓力等，都是普通人的好幾倍。要想成為一名真正的管理者，就要學會取得這幾點之間的平衡，生活中，很多人都感覺到各種不同的要求與自己能力之間的不平衡，以及由於主客觀條件的限制，而不能滿足人的需要與未滿足需要之間的不平衡。緊張與壓力，導致許多人產生倦怠，潰瘍（Ulcer）、頭昏、高血壓（Hypertension）等病。然而，心理學家指出，如果懂得利用時間，這些壓力就可以減輕甚至是消失。管理者面對這些問題，要克服過度緊張，除了要注意對自己的緊張問題進行自我分析外，還要找到切實可行的辦法來加以解決。在眾多的壓力下，我們要冷靜思索，不妨從以下幾點做起：

第一，適當參加一些健康、高雅、文明的娛樂活動。比如下棋、打球、聽音樂、讀書、書法、繪畫、園藝、跳舞等等，並利用業餘時間發展一至二項個人愛好，戒除一些諸如飲酒（特別是酗酒）、吸菸、賭博等消極地應付緊張或壓力的方式。學習掌握並長年堅持一些集放鬆、健身、運動於一體的身體活動。一張一弛、調節有度。只有會休息的人才是會生活、會工作的人。

第二，確立正確的人生目的、生活目標和工作目標。人生最大的痛苦莫過於夢醒之後無路可走。人生沒有目的，生活失去目標、方向和內在動力，這是現代社會最折磨人的社會重壓，同時也是產生過度緊張、深層次緊張的最終根源。領導者也不例外。只有從根本上解決好世界觀、人生觀、價值觀的問題，才能正確應對工作與生活中的各種矛盾和問題，才能正確對待自己、他人和環境，才能正確對待權力、地位、金錢、名利等問題，才不至於被這些問題所困擾，也就不會出現過度緊張問題。相反，如果世界觀、人生觀、價值觀這個根本問題沒有解決好，就過不了權力關、金錢關、名利關、美色關，緊張問題就會連續不斷。尤其是利用手中權力徇私枉法，違法犯罪，即使不為人發現，也必將成為其長期緊張的心理包袱。「心底無私，坦蕩處世」，這是領導者克服過度緊張的法寶。

第三，加強家庭成員之間的交流和溝通。正確處理好與家庭成員之間的關係。在 8 小時的工作時間內，盡可能地完成工作，不要把剩餘的工作帶回家。將工作帶回家，不但奪去了自己的時間失去了與家人交流的機會。這必然造成家人對自己的不滿。在家庭中創造出一種相互體貼、相互支持、溫馨和睦的良好氣氛是消除緊張的一種方式。家庭常常充當緊張狀況下的感情支柱和感情庇護的堡壘，充滿親情和天倫之樂的家庭生活，對於緩解領導者的過度緊張發揮著特殊的作用。來自家庭的支持對領導者來說是非常重要的。當一個人感覺到其他人的鼓勵和支持時，就容易面對壓力；當一個人感覺到家人的支持和關心時，就會更容易地面對失望、衝突、憂慮、沮喪的事情發生。相反，如果家庭生活中充滿矛盾和危機，給人帶來的壓力和緊張可能會大大超過工作中給人帶來的壓力和緊張。因此，領導者在緊張繁忙的工作之餘，應該分出一部分精力和時間來投入到家庭建設之中，使自己始終生活在理解、信任和融洽的家庭環境之中。

第四，多享受工作，少享受權利。盡情享受工作本身帶來的樂趣，保持積極的、適度的緊張是克服過度緊張的有效方式。在工作的時候，全身心地投入到工作之中，享受工作帶來的樂趣，如因工作而產生的成就感、與他人合作而產生的親密的友情等，這些都有利於保持對工作、生活的熱情。我們不應該也不可能完全避免緊張，重要的是尋找並保持積極的緊張，把消極緊張轉化為積極的緊張。

在複雜的領導活動中，領導者所面臨的形勢、任務、政策環境和領導環境都是發展變化的，領導活動中的各種相關因素也在隨時變化，領導者必然會遇到許多複雜的矛盾和難題。在探索解決難題的辦法時，大凡有成就的政治家和謀略家都把不急、不躁、不亂作為，謀大事、成大業的經驗之談，即身為一個領導者，應該始終保持沉著冷靜以熱烈而鎮定、緊張而有序的情緒來處理每一件事。尤其是當領導方案和領導行為受到外界干擾，特別是受到某種突發因素或突發事件的衝擊時，更要鎮定自若，時刻注意急躁情緒的克服和避免，以必勝的信心迎接挑戰。一個合格的領導者，應該時刻注意加強自身修養，善於調節情緒，運用機動靈活的方法和策略克服和避免因急躁情緒而產生的不良後果。

當然，對於一個容易急躁的領導者來說，堅持過有規律的生活和進行有秩序的工作，只是一種長遠的策略。除了要有這種長遠策略以外，還應該掌握一些更為具體的避免和克服急躁情緒的方法。

一是保持彈性。「百煉之鋼繞指柔」。要想保證任何事情都是成功的，保持彈性的做法是必不可少的。一旦你的人生選擇了彈性，事實上也就是讓你選擇了快樂。因為在我們的人生中，時常會遇到讓你無法控制的事情，然而只要你的想法和行動能夠保持一定的彈性，那麼你的人生就可以永保成功，你的生活也就會變得非常愉快。

二是目標適當。避免急躁情緒，為自己的目標確定一個合理的預期時間很重要。某項事業，你做好了做十年的準備，那麼一兩年內碰到困難和挫折，就不會引起太大急躁。相反，某項工作，如果你準備在兩三天內完成，那麼，第一天碰到麻煩，你就會急躁起來。因此，要避免不應有的急躁情緒產生，我們凡事都要為自己確定合理的、適度的預期時間。有的管理者上「大工程」，搞了幾個月也沒有達到預期目標，就急躁起來；有的立志當個企業家，創「驚人之舉」，可也只是努力一陣子，看到效果不明顯就著急，這些都是預期時間不當的緣故。而這些急躁情緒又會妨礙他們作持續的努力，最終會影響目標的實現。不管何種工作要想取得比較突出的成就，沒有長期努力是不行的。我們的領導者如果真想做出一番事業，就得做好長期奮鬥的心理準備，不要急躁，辛勤耕耘，成熟季節就會到來。

三是急事冷處理。管理者在處理急事、難事時，應保持頭腦冷靜，在時間上、速度上適當放緩，透過必要的推遲、等待，使事情的結局更為圓滿。據歷史記載，戰國時期政治家西門豹深知自己處事有急而厲的缺點，就佩帶瑋以提醒自己注意做到緩而圓。這說明，如果具有急躁性格的領導者能充分意識到自己個性的弱點，發揮主觀能動性，在急躁情緒將要產生時，及時修正，進行心理上的自我放鬆，提醒自己「不要急」，「這件事根本就不值得急」，「急躁會把事情辦壞」等等，透過這種心理上的放鬆，使衝動和急躁的心情平靜下來，待心情平靜後，再從容不迫地投入到工作之中。進入工作後，急躁情緒還有可能不斷出現，因此，需要不斷地進行心理上自我放鬆的修正，直到急躁情緒被真正克服為止。任何事物都有正反、利弊之分。具有急躁情緒的領導者處事果斷、雷厲風行，這在講求效率、惜時如金的今天，有其可貴之處。只要他們能夠堅持急之有度、急緩相宜，注意運用靈活有效的方法和策略，克服和避免急躁情緒，就會充分發揮其可貴之處，達到預期的效果。

第 10 堂課

懲罰 —— 聲張正義的手段

主管不要感情用事

喜怒哀樂，人之常情。該喜則喜，當怒則怒，這是正常人情感的自然流露。然而，感情的流露，也應該有個「調節器」，使它適可而止，不至於過盛過溢。如果失去調節，一毫之拂即勃然大怒，一事之違便憤然驟發，終究會釀出事端。

作為企業主管，一定要保持自己的公正平和的形象，千萬不要感情用事，即使是遇到了胡攪蠻纏。不易對付的下屬，也只應該動之以情、曉之以理，切不可證明只有你的重要，而他身為一名職員是多麼的渺小。你要知道，你是個領導者，是在領導別人，而不是在和別人意氣之爭，所以應該拿出主管的氣度來，不要一般見識，否則只會導致別人的反感。如果說可以利用手中的職權去開除這樣的人，那只是一種最差的做事手段，如果以後再碰到這樣的人怎麼辦呢？你是否只當一名專門開除職員的「威力領導者」？如果不想這樣的話，請你記住：

第一，千萬不要在憤怒時作決定。身為主管，如果在一怒之下匆忙做決定，喪失最起碼的理智判斷，那麼有可能會導致全軍覆沒。

唐朝太宗時期，一次，李世民曾在上朝期間，與吏部尚書唐儉下棋。唐儉是個直性子的人，平時不善逢迎，又好逞強，與皇帝下棋卻使出自己渾身解數，架炮跳馬，把唐太宗的棋打了個落花流水。唐太宗心中大怒，想起他平時種種的不敬，更是無法抑制自己，立即下令貶唐儉為潭州刺史，還不甘休，又找了尉遲恭來，對他說，唐儉對我這樣不敬，我要借他而警百官。不過現在尚無具體的罪名可定，你去他家一次，聽他是否對我的處理有怨言，若有，可以此定他的死罪！尉遲恭聽後，覺得太宗這種羅織罪名殺人的做法太過分，所以當第二天太宗召問他唐儉的情況時，尉遲恭只是不肯回答，反而說，陛下請你好好考慮考慮這件事，到底該怎樣處理。唐太宗氣極了，把手狠狠地一揮，轉身就走。尉遲恭見狀，也只好退下。唐太宗回去後，一來冷靜後自覺無理，二來也是為了挽回面子，於是大開宴會，召三品官入席，自己則主宴並宣布道：今天請大家來，是為了表彰尉遲恭品行。由於尉遲恭的勸諫，唐儉得以免死，使他有再生之幸；我也由此免了枉殺的罪名，並加我以知過即改的品德，尉遲恭自己也免去了說假話冤屈人的罪過，得到了忠直的榮譽。尉遲恭得綢緞千匹之賜。

唐太宗這樣做，當然主要還是為了顯示自己的「正」；同時，他當然也感激尉遲恭；假使尉遲恭真的按他的話去陷唐儉而致其化，又怎顯唐太宗「明正」。

第二，千萬不要猜疑。猜疑並非來自心靈，而是出自頭腦。一個很果斷的人有時也會墮入這種情感，在領導人之間有不少行動果斷的人，但也有那些多疑的人。如果領導者兼備這兩種氣質，所以猜疑對他為害尚不大，因為當他產生了疑忌時，並不總是貿然信從這種疑忌。而對一個膽怯的庸人，這種猜疑則可能立刻阻滯他的行動。猜疑的根源產生於對事物的缺乏認知，所以多了解情況是解除領導者疑心的有效辦法。當你產生了猜疑時，你最好還是有所警惕，但又不要表露於外。這樣，當這種猜疑有道理時，你已經預做了準備而不受其害。當這種猜疑無道理時，你又可避免因此而誤會了好人。

人尤其要警惕一些道聽塗說猜疑，因為這很可能是一根有毒的挑撥之刺。如果可能的話，最好能對你所懷疑的對象開誠布公地談一談，以便由此解除或者證實你的猜疑。但是對於那種卑劣的小人，這種方法是不行的。因為他們一旦發現自己正在被懷疑，就可能製造出更多的騙局來。義大利人有一種說法：「受疑者不必忠實。」其實這是不對的，因為在受到猜疑時，人就更有必要盡力於職守，以此證明自己的卻是清白和忠實的。

第三，千萬不要引起公憤。大眾的嫉妒比個人的嫉妒多少有點價值。「公妒對於領導人來說是強迫他們收斂與節制的一種辦法。」所謂公妒，其實也是一種公憤。對於一個國家更具有嚴重危險性的一種疾病。人民一旦對他們的執政者產生了這種公憤，那麼就連最好的政策也被視為惡臭，受到唾棄。所以喪失了民心的統治者即使在辦好事，也不會得到群眾的擁護。因為人民將把這更看作一種怯懦，一種對公憤的畏懼 —— 其結果是：你越怕它，它就越要找上門來。這種公妒或公憤，有時只是針對某位執政者個人，而不是針對一種政治體制。

別把處罰當成管理的目的

如果老闆給你加薪 100 元，你會很高興；沒過多長時間，你的薪水又被老闆降掉了 100 元，雖然你的收入與以前相比沒有變化，可是這個時候你只剩下對老闆的「詛咒」。一句話 —— 你丟掉 10 元所帶來的不愉快感受，要比撿到 10 元所帶來的愉悅感受強烈得多。

2002 年度諾貝爾經濟學獎獲得者丹尼爾．康納曼（Daniel Kahneman），透過心理學研究發現了人類決策的不確定性，即人類的決定常常與根據標準的經濟理論做出的預測大相徑庭。他斷言：在可以計算的大多數情況下，人們對所損失東西的價值估計，比得到相同價值時的估價高出兩倍。而且，當所得比預期多時，人們會很高興；而當失去的比預期多時，就會非常憤怒痛苦。關鍵在於這兩種情緒是不對稱的，人們在失去某物時憤怒痛苦的程度遠遠超過得到某物時高興的程度。

許多管理者對於工作不努力、績效不佳、遲到早退及不守秩序的員工實在很頭痛。尤其是一些老員工，他們的能力對公司而言，可能已經沒有太大的價值，但卻經常倚老賣老地破壞制度。於是 H 公司想出以扣薪代替責罵的方法，原來是想藉此排除管理上的人情壓力，懲罰犯錯的員工，糾正其不當的行為，可是這種「一竹竿打倒一船人」的做法，卻讓許多員工的內心產生不平衡，而且員工對公司的不信賴與不滿，遠比扣薪厲害得多。其實，懲罰用得過多，也是管理者的一種無能表現，員工們會認為：我們的領導者除了會懲罰以外，沒有什麼好的管理方法。懲惡揚善是一種好的激勵方式，但懲罰濫用就會失去原有的激勵作用。

有人認為，合理的懲罰應該是「燙火爐」。燙火爐是很講「政策」的，它只燙你碰它的那一部分，而不會燙你的別處或燙你的全身，不遷怒，不搞連坐。

在管理工作中，懲罰犯了錯誤的員工應實事求是，就事論事，要對事不對人；還有懲罰要適度，過度懲罰就是「迫害」，不但難以讓人心服口服，甚至還會引起反抗，惹禍上身。在實施懲罰之前，可以先與員工討論具體情況，確定沒有誤解事實之後再責備部屬的不足之處。在責備中要強調你所期望的行為，同時讓員工明白問題在於他不當的行為，而不在他本人。責備的重點在於改變部屬不良的行為，而不是羞辱他本人，這往往需要管理者發揮極大的自制力，不論你有多生氣，你都不應亂發脾氣。「燙火爐」是不講情面的，誰碰它，就燙誰，一視同仁，對誰都不講私人感情，所以它能真正做到對事不對人。當然，人畢竟不是火爐，不可能在感情上和所有人都等距離，不過，身為管理者，要做到公正，就必須做到根據規章制度而不是根據「個人感情」和「個人意識」來行使手中的獎罰大權。

懲罰相對於獎勵，民主公開更為重要。如果祕密施懲，懲罰就完全針對個人了。我們懲罰的目的，不僅在於挽救教育犯錯誤的人，還為了教育其他員工。而懲罰不公開，懲罰就失去了本身的意義和價值。

身為主管，一定要弄清楚，懲罰下屬並不是為了懲罰而懲罰，而是為了改正下屬的錯誤，使下屬成為真正的人才。雖然這種動機沒錯，但事實上我們完全可以用別的手段來達到改正下屬錯誤的目的。懲罰的方式一般有批評、罰款、責令寫檢討書等，其結果要麼給下屬的自尊帶來傷害，要麼給下屬的收入帶來損失，更嚴重的甚至有體罰。事實上，只要是懲罰，就會給下屬帶來傷害，這種做法會在下屬身上激起程度不等的反抗，它的效果得大於失。以批評為例。有時想想，你似乎可能會覺得沒有什麼必要去改正別人的錯誤，但是如果你認真地檢查一下你每天的工作，你馬上就會發現還是有這種必要。如果你是某一個部門的經理，一個工廠的監工，某種工作的執行人員，即使你僅管理兩三個人，我敢保證你幾乎每天都會發現有人做出了什麼錯事。

在這裡首先聲明一點，在改正一個人的錯誤時，絕對不批評他。沒有一個人想挨批評，批評是一種最能置人於死地的武器，它有毀滅一個人的殺傷力，關於批評你能記住的最好的一件事就是：忘掉它。當你矯正一個人的錯誤的時候，你完全沒有必要批評他，更沒有必要毀滅他。改正一個人的錯誤的最好方法是告訴他怎樣做才能把事情做對，你可以提出忠告，可以提出一個商量的辦法，也可以給予指導。總之，在矯正的過程中最好不要給他留下你是在改正他的毛病的印象。

事實上，身為一個主管，你完全可以不用批評、罰款等懲罰的方式來改正下屬的錯誤，如果你做到這一點，你得到的好處要比用懲罰的方式多得多，例如：

1. 你會消除別人的某些不良習慣和不盡如人意的行為，尤其是你的雇員或者下屬的不良習慣和不盡如人意的行為。
2. 別人將會更好地為你服務，他們不會在同一樣事情上連續犯兩次錯誤。
3. 個人和團體的紀律和風貌會得到改善。
4. 你會從這些被你矯正過錯誤的下屬身上，獲得比未被你矯正過的人更加理想的效果。
5. 由於工作納入正確的軌道，生產和工作都會有所改進，利潤也會提高。

也許你會問：如果不用懲罰的方式，那該怎樣去糾正下屬的錯誤——總不可能讓他放任自流吧，畢竟他還是下屬。不錯，既然懲罰的方式既不能帶來好的效果，又會讓下屬產生反抗，我們何不試試照著下面的步驟試上一試呢：

1. 不要直接拎出一個人的錯誤。
2. 首先取得全部有關的事實。
3. 如果有必要進行一次正式的會晤，你要選擇時間和地點。
4. 在改正你的下屬的錯誤時絕不要發脾氣。
5. 以真誠的表揚和稱讚開始。
6. 用你自己的觀點去幫助能理解你的觀點的人改正錯誤。
7. 給你的下屬以說話的機會。
8. 要仔細地權衡所有的事實和證據，要排除任何傾向和偏見。
9. 如果需要懲罰時，一定要處罰適當，不能過於嚴重。
10. 讓一個人自己選擇處罰方案。
11. 要強調獲得的利益。
12. 要以對這個人的工作給予真誠的表揚和稱讚的話語結束同他的會晤。

害群之馬要堅決辭退

人的性格是多方面的，為人處事、對待工作的態度亦因性格、修養等因素表現各異。有兢兢業業、開拓創新之士，亦有只說不幹、扯後腿之徒。前者是推動事業發展的主力軍，後者則是阻礙事業前進的絆腳石。身為管理者必須對下屬的工作能力、工作態度有充分的認知和了解。聰明的主管都深知群體的團結和紀律的嚴明是企業生存和發展的根本這個道理，所以他們對企業中的那些「不恰當」的員工時刻保持著高度的警惕，該批評的時候就批評，清除時便清除，毫不猶豫、不留情、不手軟，以保持企業的凝聚力和競爭力。

一個團隊中，如果出現了下列四種人的時候，管理者必須要採用一些手段，以確保公司的正常工作。

第一種，利用工作之便貪汙受賄者。這類人往往是「偽善者」，表面上奉公守法、兩袖清風，講的頭頭是道，實際上唯利是圖，喜歡投機取巧，習慣於假公濟私、敲詐勒索等，比如侵占採購款、虛報差旅費、吃回扣、侵占建設費用、剋扣下屬薪資福利等，這類人奸詐的狠，很會隱藏自己，不容易被發現，因此企業應該對掌管實權者，尤其是掌握財務、費用、採購等實權者加強監控，加強審計，強化舉報，不僅要聽其言，更要觀其行，如有「貪汙受賄」，一旦核實，除賠償、罰款之外，犯行重大者應及時訴諸法律，用法律制裁其貪瀆的行為。

第二種，嚴重違紀者。這類人自我約束力太差，一天不擰螺絲就鬆懈，他們腦海裡沒有紀律意識，小錯三六九，大錯二五八，拿違法亂紀不當回事，做事為所欲為，不計後果，很容易鑄成大錯，對企業帶來不可估量的損失。對此類嚴重違紀者，不能遷就，必須快刀斬亂麻，按企業法規處置，否則企業法規就是擺設，就難以服眾，甚至其他不肖員工也以身試法，如此對企業的損害就更大了！

第三種，拉幫結派者。這類人精力根本沒放在工作上，而是玩「公司政治」，或許為了「制衡」主管，或許為了樹立個人「權威」，或許為了獲取不當「利益」，採取利誘、威脅等不當手段拉攏同事，自立「山頭」，致公司利益於不顧，形成「各自為政」的派系，搞的整個企業人心惶惶，破壞企業整體策略的推進，破壞企業的正常經營秩序，嚴重破壞公司的穩定、和諧、發展！企業裡一旦發現有拉幫結派者，不用遲疑，立馬辭退即可！

第四種，個人主義者這類人極度崇尚自我，以自我為中心，自以為是，崇拜個人英雄主義，不管對與錯，總喜歡表現自己，缺乏團隊意識，不願意協調、配合，不服從主管指揮，甚至不遵守紀律，不按流程做事，工作經常偏離企業的規定。偶爾取得一點成績，就沾沾自喜，到處宣揚，唯恐別人不知道他的「本事」，做錯了事，也不接受主管的批評，總有藉口和理由搪塞。這類人不適合現代企業的管理，對企業的目標實施、組織團隊、人際關係、企業形象等有損害，這類人除了辭退之外，很難透過交流、培訓、學習、幫扶、教育等來改變他。

除此之外，根據不同的工作，還有以下幾種人，應該引起管理者的注意：

1. **沒有幹勁、缺乏責任感的人**：這是一種抱著「混」的態度應付工作的人。這種員工普遍缺乏責任感，工作草率、粗心，對份內的事也不認真去做，「當一天和尚撞一天鐘」。至於這種撞得好不好、聲音響不響，他全然不管。

2. **心胸狹窄，容不下別人的人**：這種員工多少都有一點才氣。因為有點才氣表現自負，他又不願意看著別的同事超過自己，無容人之量，這種員工多數群眾基礎不好，由於他心胸狹窄，難容人，和同事少不了有磕磕碰碰的事情發生，別人也不願意和他相處。
3. **淨耍嘴皮子不做事的人**：事情是要一件一件來做的，工作中的事每一件都是具體而實在的，不身體力行是無法完成的。社會上曾流傳有這樣一句話：「做的做，看的看，看的給做的提意見。」此類員工就是說得多，做得少，企業中他們的存在，不但影響著其他員工的情緒，也會敗壞整個工作作風。
4. **滿腹牢騷，不滿太多的人**：這種員工表現在對辦公室內許多事情懷有成見。愛發牢騷，說三道四，影響其他員工的積極性。員工的存在，對穩定員工思想具有消極作用。他們常常對許多事情都看不慣，隨便亂說亂講，尤其對新員工的成長不利。其危害不可小覷。
5. **陰毒損壞，愛說人壞話的人**：這種員工思想不夠健康，經常在背後講人壞話，影響員工的團結。
6. **對任何人都持懷疑態度的人**：這種員工在工作中不會接受其他員工的建議，哪怕他的做法是錯誤的，也只相信自己，不把別人的’意見放在心上。固執己見，容易出錯，出現失誤。
7. **頭腦不清，做事糊里糊塗的人**：這種員工工作態度一般比較端正，但做事不善動腦，缺乏條理，思維不清楚。不知道自己在做什麼，目的何在？沒有哪一位主管希望自己的部門出現員工不團結、影響工作現象。要維護工作的正常進行，對一些害群之馬必須採取果斷的措施予以制止。不然的話，許多事情是不能按計畫發展的，後患無窮。

第 11 堂課

批評 —— 帶有關懷的責備

批評下屬要掌握好技巧

如果你是一位新主管，面對那些被前任主管嬌縱慣了的下屬，必須堅守原則，該批評就批評，絕不能像前任那樣姑息縱容！當然，批評的方式多種多樣：有像下大雨似地怒罵對方，也有像下梅雨般很有耐心地責罵對方。批評的形態也各有特色，也因個人性格而有所差異。很多人主張批評時要冷靜，千萬不可意氣用事，但是能夠達到此境界的人並不多。主管因為生氣、發怒才會批評下屬，也正因如此才會產生爆發力。也有人認為，若下屬反省自己的失敗，即不需責怪他；反之，若下屬毫無反省之意時，才需要責罵。

事實並非這樣，若你批評未達成任務的下屬，他必不會重蹈覆轍。有時下屬會覺得將會被批評，甚至抱有一種「期待」的心理。而你卻未予以批評，只是溫和地叮囑他，則你的下屬會深覺「期待」落空而不滿足。覺得主管的反應令人不愉快，事後還留下疙瘩，反而更討厭。若被主管痛罵一頓，一切也就過去了。因此，遇到該批評時，你最好順應下屬的「期待」。如果你突然對一位並不認為自己失敗的下屬大聲批評，恐怕會令對方一頭霧水，如果下屬不明白自己為什麼被批評，則此行為便毫無意義。如不能對下屬說明批評的原因，只會令他垂頭喪氣。對於不明了失敗原因的人必須詳細地指出。很多主管並不擅長批評下屬，他們頗為在意的反倒是下屬的情緒。他們認為毫不留情地批評下屬是不好的，若批評無法使對方完全理解，那批評就毫無意義、如你一邊批評，一邊在意下屬的反應，只會被下屬看輕。這就是所謂的「虛假的批評遊戲」，當然不算是批評。有位主管向主管報告：「我已經訓斥過他了，他本人在反省。」而那位被批評的下屬卻對他人說：「我給科長面子，傾聽他的埋怨，好高興啊！」

這時你再如何發揮驚人的才幹，也來不及了。

有人認為：在大聲且一氣呵成地批評下屬後，要像狂風過後的萬里晴空一樣不可拖泥帶水。然而這種方式卻也容易失去批評的意義。原因在於被批評的剛開始通常「聽」得進去，但往往不消 5 分鐘，他就會表現出不在乎的態度，剛剛才被責怪的事早就忘得一乾二淨了，而批評的人也宛如狂風過境似地瞬間無痕跡。由於下屬本身並不感到愧疚，因此同樣的錯誤很可能重複出現。對下屬，必須採取緊迫盯人的方法。即使批評他「聽好！不能再失敗了」，「你也為那些收拾善後的人想想看」，「你應該好好地反省反省」這類令人感到厭煩話無妨。

批評下屬時要情緒性地批評，但必須注意措詞，絕不用粗俗下流的詞。一個正派經營的公司裡，是不習慣聽到「我怎麼知道」，「別開玩笑了」，「笨蛋』等這些詞句。也有人為了顯示自己的地位，而胡亂地怒斥下屬，像這種主管是無法得到下屬的認同的，主管應該站在對方的立場行事才對。另外，有一點必面牢記。每個人必有其優點，我們要愛人、尊重人，這才是我們生存力。對那些實在難以管教的下屬，身為主管必須當機立斷，該解僱就解僱！尤對其中一部分勇於背叛自己的下屬，更要毫不留情。酒與汙水定律指出，如果把一匙酒倒進一桶汙水中，你得到的是一桶汙水；如果把一匙汙水倒進一桶酒中，你得的到的還是一桶汙水，幾乎在任何組織裡，都存在幾個難管理的人物，他們存在的目的似乎就是為了把事情搞砸。他們到處搬弄是非，傳播流言、破壞組織內部的和諧。最糟糕的是，他們像水果籃裡的爛蘋果，如果你不及時處理，它會迅速傳染，把籃子裡其他蘋果也弄爛，「爛蘋果」的可怕之處在於它那驚人的破壞力。

一個正直能幹的人進入一個混亂的部門可能會被吞沒，而一個無德無才者能很快將一個高效的部門變成一盤散沙。組織系統往往是脆弱的，是建立在相互理解、妥協和容忍的基礎上的，它很容易被侵害、被毒化。破壞者能力非凡的另一個重要原因在於，破壞總比建設容易。一個能工巧匠花費時日精心製作的陶瓷器，一頭驢子一秒鐘就能毀壞掉。即便擁有再多的能工巧匠，也不會有多少像樣的工作成果。如果你的組織裡有這樣的一頭驢子，應該馬上清除掉，如果你無力這樣做，你就應該把驢子拴起來。

首先要確定是否要扔掉「爛蘋果」。對那些厚顏無恥的背叛者，對屢教不改的員工和難以管教的下屬，對個別「害群之馬」，一定要處理掉。你還需要選擇解僱地點。應該選擇在什麼場合解僱某個人，取決於你自己的想法。他的辦公室，你的辦公室，另外一個什麼地方都可以。因為解僱一個員工的背景是千變萬化的，所以這裡也沒有什麼規矩可循。有些經理在決定解僱員工的地點與方式時所依據的是他們希望將何種資訊傳遞給其他員工。有位公司主管曾當著全體員工的面解僱一位經理，目的是殺雞儆猴。他將公司所有的 100 名員工召集到會議室，心裡盤算好，在會議的過程中他一定要挑出那顆爛蘋果，並當場炒他的魷魚。這是精心企劃的一場戲，只是其員工不知道而已。

這裡有真正的解僱員工需要的技巧。作為公司主管，對不稱職的員工進行解僱完全是分內之事。但往往遇到此事，即使是那些以「強人」著稱的名人也難下決心，認為解僱員工是件很棘手的事。總擔心會引起連鎖反應，如何以此調動員工工作積極性和責任感，做好善後工作等等。

管理者要學會自我批評

近些年，批評和自我批評的風氣越來越弱。無論是生活中還是職場上，同事朋友之間或者上級與下級之間鮮有批評，而多是一些恭維、誇讚、奉迎，以至於人們已經不習慣聽到不同聲音，更不要說正確對待批評，這顯然不是什麼好事。人們長期聽不到批評，必然會增加犯錯誤的概率，也說明你的企業缺失一種坦誠表達的優良文化，而形成文過飾非的病態文化。

唐太宗與魏徵是君臣又是朋友。皇帝本來是不能批評的，但魏徵就是忠直敢說，而且常常弄得唐太宗下不了臺。皇上也是人，回到後宮發火，聲言要殺了這個鄉巴佬。皇后深明大義，說魏徵是忠諫之臣，能給你提醒、建議和批評，太難得了！唐太宗一想有理，也就原諒了他的犯顏直諫。唐太宗的文治武功正是得益於魏徵的鏡鑒。喜歡聽好話，不喜歡聽壞話，是人之常情，也是人性的弱點。有多少人能做到「聞過則喜」，有多少人能做到「有則改之，無則加勉」，不煩悶、不發火、不記恨就不錯了。可惜「金無足赤，人無完人」，人不可能不犯錯誤，聖人還有說錯話、做錯事的時候呢。沒有自我批評，也不讓別人批評，老子天下第一，老虎屁股摸不得，這樣的人十個有十個要失敗。

管理者要勇於和善於批評下屬，這是你的責任。俗話說：「嚴師出高徒。」這個嚴包括嚴格要求，甚至是嚴厲的批評。西點軍校對學員有苛刻的要求，第一章是「被訓斥」，以後的學習訓練中學員會不斷聽到嚴厲的斥責之聲，在壓力的挑戰下戰勝自己，極限過後，無堅不摧。管理者也要勇於和善於接受周圍人甚至來自員工的批評，這是你的胸懷。俗語說：「一個籬笆三個樁，一個好漢三個幫。」吉列公司（Gillette）前 CEO 吉姆說自己「經常不正確」，雖然他處事果斷，但隨時準備根據新的資訊改變方向。最好的老闆會在自己身邊聚集很多比他們聰明的人，以便對自己可能犯錯的風險予以管理。他們會進行對話，權衡事實，聽取意見，然後做出更明智、不主觀的決定。身為管理者如果自以為是，拒絕批評，阻塞言路，甚至打擊報復批評者，不僅做不好管理工作，遲早會成為孤家寡人。

批評和自我批評是一種團隊學習的方式，可以形成在互評、互議、互促的過程中，使每個人進行反思，使每個人的心智得到提升和完善，可以提升個體和團隊的 EQ，可以改變彼此的偏見。不喜歡批評是一種習慣和本能，但是人有適應能力，當人們逐漸從團隊學習的批評和自我批評看到好處和受益的時候，人們自然會接受批評和自我批評。所以拒絕批評是人一種本能和習慣，我們可以透過環境培養出一種接受批評的習慣，並使自己和團隊從中不斷受益。當然批評和自我批評不是為批評而批評，批評他人是為了幫助他人，自我批評是為了樹立榜樣，產生自己在團隊中的影響力。所以，能夠實現批評和自我批評關鍵在於，自己是否相信它對自己和團隊的價值，同時建立相應環境，也是我們常說的道場。在團隊中能夠實現批評和自我批評，關鍵在於團隊領導者能否自己有勇氣實現自我批評。

在實際工作當中，經常會發現這樣的情況：統計團團隊工人數的時候，管理者會有意無意地把自己漏掉，專列在管理者或領導者的名單裡，與員工劃清界限。這些人沒有意識到：事實上，自己首先是個承擔責任的員工，然後才是行使權力的管理者。管理者的首要工作不是管理別人，而是先問問自己：我的職責是什麼？我要怎麼做？如何做一個高效的管理者？

要管理別人，首先要管好自己。管理者的惰性往往會導致員工跟風，滋生沒人催就不做事的思想。這種惰性導致一些人不管事，有些事無人管，彼此推諉。管理者是員工的標竿，作為管理團隊的領袖，更應該以身作則，嚴以律己，不斷反思和總結自身的工作。

「見賢思齊焉，見不賢而內自省也」，管理者應不斷自省，找出新方向、新辦法，為自己及團隊加分。自省貴在自覺，嚴以律己，經常反思自己的思想和行為，無情地自我解剖，嚴格地自我批評，及時更正自己的過錯。一個不斷完善自己，勇於時刻面對自己，自省鞭策，並對自己有改進要求的管理者才有資格去要求別人，才能創造「創新」、「積極」、「嚴謹」的團隊。身為管理者，聽的是「阿諛奉承」的話，自己不自覺地常處在「飄飄然」的狀態。當你幫助別人多，常稱為別人「師傅」時，卻忘記自己也需要「照一下鏡子」。因此，很多管理者不是敗於對手和環境之手，更多時候敗在沒有嚴格要求自己，沒有及時自省及認知。

一個健康、陽光、進取的企業，一定有不同見解的交鋒，一定鼓勵大家講真話、實話、心裡話，一定不會少了批評和自我批評，而大興批評和自我批評之風，首先要從老闆做起。沒有批評的企業不等於天下太平，沒有不同意見一團和氣的背後可能會有更多的偏見和異見。但願管理者能將批評之風吹進企業，幫助企業進步和成長。

批評也要注意禁忌

有讚揚就應該有批評，在管理工作中，批評也是一種必要的強化手段，它與表揚是相輔相成的，不過，身為一名管理者，要懂得在批評的同時應該盡量減少批評所產生的負作用，減少人們對批評的排斥感，從而保證批評效果能盡可能的理想。

任何人在批評別人的時候，都應該首先對自己與別人有一個正確的認知。要想到自己應承擔的責任，想到自己的不足。同時，應以理解的態度去看待對方的過失，考慮一下自己在同等條件下是否也會出現過失，不要以一貫正確的口吻去批評別人。尤其是自己也確有或大或小的失誤時，自我批評更應該誠懇。正如一位哲人所說：我們只有用放大鏡來看自己的錯誤，而用相反的方法來對待別人的錯誤，才能對於自己和別人的錯誤有一個比較公正的評價。

相關的研究結果與實踐經驗也表明，大多數人在聽到批評時，總不像聽到讚揚那樣舒服。這是因為，人在本能上對批評都有一種排斥心理，人們喜歡為自己的行為辯解，尤其是一個人在工作中已付出很大努力時，對批評會更為敏感，也更喜歡為自己辯解，以便使自己和他人都相信他是沒有錯誤的。從心理學角度看，這也是認知不協調的一種表現。而解決這種認知不協調的方法，就是批評者替對方進行辯解或創造條件使對方覺得無法辯解。西方一些企業家主張使用「三明治策略」，即讚揚 —— 批評 —— 讚揚。也就是說，在批評別人時，先找出對方的長處讚美一番，然後再提出批評，而且力圖使談話在友好的氣氛中結束，同時再使用一些讚揚的詞語。由於這種方式是兩頭讚揚、中間批評，很像三明治，故由此得名。其實，這種方式也比較符合人的心理適應能力。當批評者在誠懇而客觀的讚揚之後再進行批評時，人們會因為讚揚效應的作用，而覺得批評不那麼刺耳。因此，管理者在批評下屬應注意的六個禁忌是：

一忌捕風捉影，無中生有。批評本來是改正錯誤、教育人的，因此它的前提必須是下級確實有錯誤存在。沒有錯誤，硬去批評人家，便給下級留下「蓄意整人」的印象。管理者應該心胸豁達，實事求是，最忌神經質、疑神疑鬼、聽信流言、無中生有。

二忌乘人不備，突然襲擊。否定和批評下級，嚴重的批評要事先打個招呼，使下級有足夠的心理準備。普通的批評也要給下級以充分的轉圜餘地，做心理調整，以避免引起大的情感跌宕。一個人做錯事時，內心裡本來已有所反省、恐慌和不知所措，此時，如果像打擊罪犯一樣對待他，他會因此而羞愧不安，甚至一蹶不振，無法再肯定自我；或者，沿著錯誤的道路滑下去，自暴自棄，「自甘墮落」。

三忌姑息遷就，拋棄原則。批評和否定下級，當然需要給他一些安慰和鼓勵，不能全盤否定，一棍子打死。但是，這絕不意味著可以對下級的過失姑息遷就，庇護掩飾，不予追究。拋棄原則，聽之任之，好像寬容大度，關心下級，實際上這是養癰遺患，為其今後犯更大錯誤提供條件，貌似愛之，實則害之，萬勿這樣去做。

四忌不分場合，隨便發威。場合即時間、地點，它是否定和批評下級的必要條件，也是領導者語言發揮的限制。講求語言藝術的批評者總是在什麼場合說什麼話，看什麼情況行什麼令，靈活機動、隨機應變，從而創造出一個否定和批評下屬的良好時機。魯莽的批評則往往不分場合、不看火候、隨便行使權力、大耍威風，結果使問題反而變得更加複雜和嚴峻起來。通常的批評宜在小範圍裡進行，這樣會創造親近融洽的語言環境。實在有必要在大眾場合批評時，措辭也要審慎，不宜大興問罪之師。

五忌吹毛求疵，過於挑剔。上級對下級的領導，是起一種指導和監督作用，而不應是下級的管家婆，不能事事都批評下屬。可是，有一部分領導者就喜歡尋找下級的不是。好像不經常挑出下屬一些毛病來，就不足以證明自己高明似的。而對如何防止出現問題，卻提不出建設性的意見。對於小事過度挑剔、大事反倒抓不住的上級，下級是很有看法的。

六忌口舌不嚴，隨處傳揚。批評和否定下級既然不能不分場合，就更不應把批評之事隨便傳揚出去。有的批評者前腳離開下級，後腳就把這事說給別人；或者事隔不久批評另一個人時，又隨便舉這個人做例子，無意間將批評之事散布出去，弄得風言風語，增加了當事人的思想壓力和反感情緒。人人都有保護自尊的心理傾向。領導者批評下級，不能不愛護下級，要盡量將其心理振盪控制在最低程度，絕不能無意中增加新的干擾因素，影響下級接受批評，改正錯誤。事實上，口舌不嚴是領導人不負責任、缺乏組織紀律性的一種惡劣作風，亦在受批評之列。

第 12 堂課

細節 —— 忽略小事會誤大事

完美細節出自完美計畫

美國西點軍校前校長潘莫將軍說過：「最聰明的人設計出來的最偉大的計畫，執行的時候還是必須從小處著手，整個計畫的成敗就取決於這些細節。」

喬治．福蒂在《喬治．巴頓的集團軍》中寫道：「1943 年 3 月 6 日，巴頓臨危受命為第二軍軍長。他帶著嚴格的鐵的紀律驅趕第二軍就像『摩西從阿拉特山上下來』一樣。他開著汽車轉到各個部隊，深入營區。每到一個部隊都要訓話，諸如領帶、護腿、鋼盔和隨身武器及每天刮鬍鬚之類的細則都要嚴格執行。巴頓由此可能成為美國歷史上最不受歡迎的指揮官。但是第二軍發生了變化，它不由自主地變成了一支頑強、具有榮譽感和戰鬥力的部隊……」巴頓一次次地訓話，強調諸如領帶、護腿、鋼盔和隨身武器及每天刮鬍鬚之類的細則，雖然讓士兵們厭煩，但是卻在不知不覺中，使他們由細節開始轉變，並最終改頭換面，我們不得不說巴頓強調這些細節是有原因的。西點軍校努力訓練學員養成重視細節的習慣，使它變成像呼吸一樣的本能反應。偉大的成就來自細節的累積，細節是一個人從平庸到傑出的天塹。

多數人所做的工作還只是一些具體的、瑣碎的、單調的事，他們也許過於平淡，但這就是工作，是生活，是成就大事不可缺少的基礎。所以無論做人、做事，都要注重細節，從小事做起。一個不願做小事的人，是不可能成功的。看不到細節，或者不把細節當回事的人，對工作缺乏認真的態度，對事情只能是敷衍了事。這種人無法把工作當作一種樂趣，而只是當作一種不得不接受的苦役，因而在工作中缺乏熱情。而考慮到細節、注重細節的人，不僅認真地對待工作，將小事做細，並且注重在做事的細節中找到機會，從而使自己走上成功之路。每一個人在工作中都會遇到各式各樣的瑣事，而多數人都採取敷衍了事的態度。也正是因為如此，成功的總是那些對待小事仍然斤斤計較的人。所以，要想成為一個好員工，細化工作，把每個環節都做到完美是至關重要的。同樣，在工作中如果不經意地忽略一些細節，也可能付出沉重的代價。現代職場競爭激烈，每一位員工都面臨著「優勝劣汰」的殘酷現實，對細節的疏忽就可能導致被淘汰出局。從這個意義上說，注重細節的能力正是一個職場人士在職場中的競爭力。

一些人認為今天的一切都變得太複雜了，沒有一個人能細緻的解決工作中所有的問題，他們覺得做好工作最好的辦法就是埋頭苦幹，因此，他們很少花時間對所做的工作進行思考，也很少總結過去的成敗和得失，更沒有去考慮下一步的工作方向，而是一門心思地做手頭的工作。他們生怕坐下來思考會耽誤工作進度，耽誤了眼前的利益。不可否認，這種人也想把每一個細節做好，卻因為缺乏周密的計畫而只能把事情匆匆忙忙地做完，對於細節的追求只能是有心無力。管理學家波特認為，這種做事方式是非常錯誤的，因為工作內容是多方面的，並不是一串各自獨立的事情，而是把所有事情連接在一起的進程。下過象棋的人都知道，贏家沒有一個是走一步算一步的，所有的贏家都能算計到後面將要走的好幾步，工作也是一樣，優秀的員工都會對將要發生的兩三件事進行安排，制訂好個人的工作計畫，所謂「吃著碗裡的，看著鍋裡的」。

不管做什麼事情，制訂一個詳細的計畫都是非常重要的，它可以幫你把工作的細節不斷地量化。過去，人們的觀念是「別老坐在這裡了，趕快去工作吧」，而現在人們更提倡「別忙著工作，先坐下來想一想」。在工作中，每個員工都一定要提前做好準備工作，提前做好計畫，必須具備像耶穌那樣的睿智的眼光和超凡的遠見，安排好生活中的每一件事。只有進行周密的計畫，人們才能對工作中的細節有所準備，才能在碰到各種各樣的細節問題時不慌不亂；只有進行周密的計畫，你才能很明確自己該做什麼工作，應該怎樣去做。如果計畫不能把每一個細節進行量化，計畫就不可能達到目的。

細節始於計畫，計畫同時也是一種細節，是最重要的細節。在你制訂計畫時，應對工作中的每一個環節做出深入細緻的規劃，保證每個環節都有一個目標，都有辦法可依，保證整個計畫是可以反覆檢驗的。每一個流程、動作，都要進行量化，都要從細節去分析。計畫做得越周密，細節就做得越到位，這個工作做好了，對個人，對企業都大有益處。時間管理專家說，你用於計畫的時間越長，你完成工作所需要的時間就越短。這兩個時間存在極大的相關性和互補性，就看你怎麼做，你是願意多花一些時間在計畫細節上下功夫，還是願意多花一些時間去調整因為盲目工作而導致的錯誤！所以，在實施計畫之前要好好地總結一下工作中存在的問題，找出問題的癥結所在：比如什麼樣的方法是最好的，什麼樣的工作方式才是正確的。把這些解決問題的方法納入計畫中，以此作為工作的努力方向。

現代職場競爭激烈，每一位員工都面臨著「優勝劣汰」的殘酷現實，對細節的疏忽就可能導致被淘汰出局。從這個意義上說，注重細節的能力正是一個職業人士在職場中的競爭力。

打造團隊精神要注意細節

打造一支高效的團隊，是每位領導者夢寐以求的事情。也是管理者最難辦的事情之一。難在哪裡，主要是對管理者提出了更高的要求，管理者只有透過不斷的學習新知識，適應新變化，努力克制自己弱點，才能在激烈的市場競爭中取勝。

要管理好團隊，首先要塑造一種精神，這種精神才是企業真正的靈魂。有企業主管胸有成竹地說：「就算你沒收我的生財器具，霸占我地、廠房，只要留下我的夥伴，我將東山再起，建立起我的手王國。」我們看過一些非凡的領導者，他們好像有天生獨特的再生能魔力，可以在很短的時間內，扭轉乾坤，將一群柔弱的羔羊訓練成一支如雄獅猛虎般的管理團隊，所向披靡。我們所說的團隊精神主要包含哪些方面的內容呢？

首先是團隊成員間應相互尊重。這主要有兩方面的意思：一是特定團隊內部的每個成員之間能夠相互尊重，彼此理解；二是團隊的領袖或團隊的管理者能夠為團隊創造一種相互尊重的氛圍，確保團隊成員有一種完成工作的自信心，人們只有相互尊重，尊重彼此的技術和能力，尊重彼此的意見和觀點，尊重彼此對團隊的全部貢獻，團隊共同的工作才能比這些人單獨工作更有效率。

其次是團隊內部充滿活力。一個團隊是否充滿活力，一是熱情。大家對共同工作滿意的程度如何？是否受工作的鼓舞？想做出成就嗎？成功對大家有無激勵？二是關係。團隊成員能愉悅相處並享受著作為團隊一員的樂趣嗎？團隊內有幽默的氛圍嗎？成員之間是否能共擔風險？這都對一個團隊的關係有很大的影響。再者是主動精神。團隊是否有創造性的想法，是否積極思考尋求問題的解決方案，能否發現機會，敢冒風險，團隊是否能提供團隊成員挑戰自我、實現自我的機會等等。三是員工對團隊的高度忠誠。團隊成員對團隊有著強烈的歸屬感、一體感，強烈地感受到自己是團隊的一員，絕不允許有損害團隊利益的事情發生，並且極具團隊榮譽感。那麼，作為團隊中的一員，我們又應該從哪些方面培養自己的團隊合作能力呢？

第一，讓自己得到大家的喜歡。你的工作需要大家的理解支援和認可，而不是反對，所以你必須讓大家喜歡你。除了和大家一起工作外，還應該盡量和大家一起去參加各種活動，或者禮貌地關心一下大家的生活。總之，你要使大家覺得，你不僅是他們的好同事，還是他們的好朋友，這對你開展工作也有很大幫助。

第二，尋找發覺團隊內積極的素養。其實在每個團隊中，每個成員的優缺點都是不盡相同的。你應該去積極尋找團隊成員積極的素養，並且學習他。讓你自己的缺點和消極素養在團隊合作中被消滅。團隊強調的是協同工作，較少有命令指示，所以團隊的工作氣氛很重要，它直接影響團隊的工作效率。如果團隊的每位成員，都去積極尋找其他成員的積極素養，那麼團隊合作就會變得很順暢，團隊整體的工作效率就會提高。

第三，要對每個人寄予希望。誰都有被別人重視的需要，特別是那些具有創造性思維的知識型員工更是如此。有時一句小小的鼓勵和讚許就可以使他釋放出無限的工作熱情。並且，當你對別人寄予希望時，別人也同樣會對你寄予希望。

第四，保持謙虛的態度。團隊中的每一位成員都可能是某個領域的專家，所以你必須保持足夠的謙虛。任何人都不喜歡驕傲自大的人，這種人在團隊合作中也不會被大家認可。你可能會覺得某個方面他人不如你，但你更應該將自己的注意力放在他人的強項上，只有這樣你才能看到自己的膚淺和無知。謙虛會讓你看到自己的短處，這種壓力會促使你自己在團隊中不斷地進步。

第五，時常檢查改正自己的缺點。你應該時常地檢查一下自己的缺點，比如自己是不是還是那麼對人冷漠，或者還是那麼言辭鋒利。這些缺點在單兵作戰時可能還能被人忍受，但在團隊合作中就會成為你進步成長的障礙。團隊工作中需要成員一起不斷地討論、研究，如果你固執己見，無法聽取他人的意見，或無法與他人達成一致，團隊的工作就無法進展下去。團隊的效率在於配合的默契，如果達不成這種默契，團隊合作可能是不成功的。如果你意識到了自己的缺點，不妨就在某次討論中將它坦誠地講出來，承認自己的缺點，讓大家共同幫助你改進。當然，承認自己的缺點可能會讓人尷尬，你不必擔心別人的嘲笑。你只會得到同伴的理解和幫助，從而發展自己的事業。

創造一支有效團隊，對管理人來說是有百益而無一害的，如果你努力做到的話，你將可以獲得很多好處，比如：

- 人多好做事，團隊整體動力可以達成個人無法獨立完成的大事。
- 可以使每位夥伴的技能發揮到極限。
- 成員有參與感，會自發性的努力去做。
- 促使團隊成員的行為達到團隊所要求的標準。
- 刺激個人更有創意，更好的表現。
- 讓衝突所帶來的損害減至最低。
- 團隊成員遇到困難、挫折時，會互相支持、協助。能有效解決重大問題。

一支令人羨慕的團隊，往往也是一支常勝軍。他們不斷打勝仗，不斷破記錄，不斷改造歷史，創造未來。作為偉大團隊的一分子，每個人都會驕傲地告訴周圍的人說：「我喜歡這個團隊！我覺得自己活得意義非凡，我永遠不會忘記那些大夥兒心手相連，共創未來的經驗。」透過在團隊裡學習、成長，每位夥伴都會不知不覺重塑自我重新認知每個人跟群體的關係，在工作和生活上得到真正的歡愉和滿足，活出生命的意義。

與下屬打交道要注意細節

對於一些企業的主管來說，不管是大型企業還是中小企業，領導者所要面對的，無外乎「人」和「事」二字。儘管管人和管事是相互連繫的，人中有事，事中有人，但管人和管事還是有所不同的。歸根結柢一句話，無人就無事，管事還要先管人，管人是管理之根本。

「企」字以「人」字當頭，只有管好人，才能管好企業。企業領導者要管好企業，必須學會管人。21 世紀是一個知識經濟時代，企業之間的競爭，就是人才的競爭，而人才競爭的勝負，在很大程度上取決於領導者的細節管理。管人之所以被稱為藝術，就因為這是一項極其複雜的而且極其費心勞神的工作。正如一個木匠不能簡單地用鎚子解決所有問題一樣，沒有誰能讓一名領導者一夜之間精通各種管人之術，沒有誰能讓一名領導者一夜之間從平庸走向優秀。有人說：「把每一件簡單的事做好就是不簡單，把每一件平凡的事做好就是不平凡。」美國西點軍校的格蘭特將軍(Ulysses S. Grant）也說過：「細枝末節是最傷腦筋的。」是的，天下大事，必作於細。展示完善的自己很難，需要每一個細節都完美，但毀壞自己很容易，只要一個細節沒有注意到，就會給你帶來難以挽回的影響。管人同樣如此。真正優秀的領導者，能夠在管人過程中不斷發現細節、注重細節並應用細節的領導者。優秀領導者應該注意以下細節：

- **當好表率，為下屬樹立榜樣**：「火車跑得快，全憑車頭帶」，而領導者無疑是企業裡的車頭，為你的員工起帶頭作用。這就要求領導者在企業裡做好表率，為下屬樹立榜樣。榜樣非常重要，要成為下屬的榜樣，並非易事，要靠自己平時的工作技巧才能做到。以身作則不是整天在下屬面前喊喊口號就可以了，真才實學水準遠比口號更重要，且更能讓你的下屬欽佩有加。你應該永遠記住這句話：主管是被學習的榜樣，不是被讚揚的對象。給別人樹立學習的榜樣，遠不是一件容易的事情，那意味著必須時時刻刻不斷加強我們在孩提時代，從學校那裡聽來的那些傳統的個人素養。樹立榜樣就意味著去發展諸如勇氣、誠實、隨和、不自私自利、可靠等個人品格特徵。為別人樹立學習榜樣，也意味著堅持道義的正確性，甚至當這種堅持需要你付出很高代價的時候，也得堅持。
- **你可以批評，但不要輕蔑**：如此簡潔卻又如此精闢的一句話，他道出了一個主管對員工所應持有的正確的態度：尊重員工的人格。一個企業員工的人格能否得到真正的尊重，反映了這個企業的人力資源的管理是否得到了真正的重視。尊重員工的人格是實實在的，而不只是做些樣子。員工興則公司興。把企業的生死存亡與員工連繫在一起，展現企業對人的重視。重視人的作用，注意培養員工和公司「共存共榮、強存強榮」的士氣，企業就能立於不敗之地。
- **多想想員工的感受**：領導者需要知道員工的感受，並且在處理自己的工作時應該把這點也考慮進去。通常，在你認為你考慮了員工的感受時，你真正在做的，只不過是想如果你站在他們的立場時，你會怎麼想，你會怎麼做。如果你不再揣測員工的感受，又沒有從他們那裡得到足夠的資訊，你肯定會暴露對員工了解的不足。一旦你把一些莫須有的看法套在員工身上，員工就會對你失去信心，並會因為你不了解他們而感覺受到了傷害。有時候在極端的情況下，他們會覺得受到了玩弄而變得反抗性十足。

對員工而言，自己是站在與主管相對的一邊。所以說，他們往往只能從自己的利益或觀點來看事情，這就要求領導者要養成換位思考的習慣，經常去站在對方的立場上，如果你想要了解員工，做個受歡迎的領導者，那麼你必須這樣做，讓他們說話，試著讓自己站在他們的立場上考慮問題。

· **不輕易讓員工的利益縮水**：我們都生活在經濟的社會裡，利益對人的誘惑力是很大的，用利益來吸引員工是常用的方法。因此，給予員工的利益，只有逐步增加，而不能減少。空頭支票或員工不願意接受的替代物，都會遭到反對。這是一條不變的戒律。要減少員工已經得到的利益，必定要遭到員工的強烈反對，不論你的理由是什麼。人們對於已到手的東西絕不肯輕易放棄，而且人們對於任何一種改變都有一種排斥的情緒。即使這種改變是有益的，在員工沒有充分理解、體會到改變所帶來的好處前，他們也會持反對態度，人的自然反應就有一種是對新的、不同的東西有所抗拒。

如果領導者要剝奪員工的既得利益，不僅會遭到員工的反對，會使領導者的威信喪失殆盡，還會造成其他惡果，甚至使公司的業績受到一定的影響。

· **有距離才有威嚴**：孔子曾說過：「臨之以莊，則敬。」這句話意思是說，領導者不要和下屬過度親近，要與他們保持一定的距離，給下屬一個莊重的臉孔，這樣就可以獲得他們的尊敬。主管與下屬保持距離，具有許多獨到的駕馭功能主要表現在以下四個方面：一是可以避免下屬之間的嫉妒和緊張。如果主管與某個下屬過度親近，勢必在下屬之間引起嫉妒、緊張的情緒，從而人為地造成不安定的因素。二是與下屬保持一定距離，可以減少下屬對自己的恭維、奉承、送禮、行賄等行為。三是與下屬過度親近，可能使領導者對自己所喜歡的下屬的認知失之公正，干擾用人原則。四是與下屬保持一定的距離，可以樹立並維護領導者的權威，俗話說：「近則庸，疏則威。」

管理者要善於掌握與下屬之間的遠近親疏，使自己的主管職能得以充分發揮其應有的作用，這一點是非常重要的。有些主管想把所有的下屬團結成一家人似的，這個想法是很可笑的，事實上也是不可能的，如果你現在正在做這方面努力，勸你還是趕快放棄。

所以說，與下屬建立過於親近的關係，並不利於你的工作，反會帶來許多不易解決的難題。在你做出某項決定要透過下屬貫徹執行時，恰巧這個下屬與你平常交情甚厚，不分彼此。你的決定很可能會傳到這個下屬的手中，他如果是一個通情達理的人，為了支持你的工作，會放棄自己暫時的利益去執行你的決定，這自然是最好不過的。

第 13 堂課

激勵 —— 人的潛力是激發出來的

精神激勵優於物質激勵

身為一名領導者，如果能讓你的下屬工作起來熱火朝天、勤懇賣力，你的事業就會蒸蒸日上。這時候，可千萬不要吝惜你腰包中的鈔票，也不要吝惜你的讚美和誇獎之辭，要把握時機地對你的下屬進行物質獎勵和精神鼓勵，使他們覺得他的付出並沒有隨著汗水而付諸東流，而是有一種成就感；同時，獎勵和鼓勵工作勤懇的下屬，也是在告訴其他的下屬，在工作中，你多付出一份汗水，就會多一份收穫。

適度而有效的獎勵，可以在最大程度上激發和保持下屬工作的主動性和積極性。學會激勵下屬，正確地運用這種方法，是領導者的一種行之有效的管理手段。這一點，我們在前面已經談過。當然，激勵並非一定是物質獎勵或者提拔他們到基層的主管職位。

在生活和工作中，領導者採用一些其他的手段照樣可以達到激勵的目的。例如：

- **向他們描繪遠景**：領導者要讓下屬了解工作計畫的全貌及看到他們自己努力的成果。
- **授予他們權力**：授權不僅僅是封官任命，領導者在向下屬分派工作時，也要授予他們權力，否則就不算授權，所以，要幫被授權者消除心理障礙。讓他們覺得自己是在「獨挑大梁」，肩負著一項完整的職責。要讓所有的相關人士知道被授權者的權責；另一個要點是一旦授權之後，就不再干涉。
- **聽他們訴苦**：不要打斷下屬的彙報，不要急於下結論，不要隨便診斷，除非時方要求，否則不要隨便提供建議，以免流於「瞎指揮」。就算下屬真的來找你商量工作，你的職責應該是協助下屬發掘他的問題。所以，你只要提供資訊和情緒上的支援，並避免說出類似像「你一向都做得不錯，不要搞砸了」之類的話。

- **獎勵他們的成就**：認可下屬的努力和成就，不但可以提高工作效率和士氣，同時也可以有效建立其信心、提高忠誠度，並激勵員工，接受更大的挑戰。
- **提供必要的訓練**：支持員工參加職業培訓，如參加學習班，或公司付費的各種研討會等，不但可提升下屬士氣，也可提供其必要的訓練。教育訓練會有助於減輕無聊情緒，降低工作壓力，提高員工的創造力。如果說主管來激勵員工，這當然是好事，能夠激發他們的積極性，但同時更應注意激勵要得當，不要適得其反。每個人都需要激勵，所以採取必要的各種激勵手段，可以大大的調動員工的積極性。這也是一個企業能否取得成功的根本措施。每個聰明的經理都會運用不同的手段來激勵自己的員工，讓其更好地為自己服務。

領導者激勵下屬的方式有很多，但是目的只有一個，那就是從效益的角度來激勵員工，使之能為企業的發展貢獻最多的力量。而效益良好的公司在一時一地的激勵方式都不是單一的，總是善於綜合運用激勵方式。因為激勵是領導過程的一個重要方面，激勵行為可以調動人的積極性和創造性。管理學家們普遍認為，激勵是透過某種方式刺激、引發行為，並促進行為以積極態度表現出來的一種手段。人的行為深處是一種內在的心理狀態，看不見、摸不著，只能透過人的具體行為顯現出來。要促成人的行為的顯現，就必須透過創造外部條件去刺激內在的心理狀態。要激發人的行為，就要刺激人的需要，圍繞組織的目標方向實施引發和強化，在滿足個體需要的過程中，實現組織目標。

激勵就是刺激需要 —— 引發行為 —— 滿足需要 —— 實現目標的一個動態過程。人為什麼需要激勵呢？管理學家認為，現代領導管理的核心問題就是人的管理。管理者就是要調動人的積極性的極性和創造性，發揮人的聰明才智，使他們能積極主動、自覺自願、心情舒暢的工作。積極性和創造性都是要透過人的行為才能實現的。曾有人列出一個公式：管理 = 工作績效能力 + 激勵。

設計好團隊的制度激勵

任何一家企業在選用激勵方式時都必須根據不同對象、不同階段、不同情況而定，制定合理的激勵方式。只有同時滿足企業和個人雙重發展需要的激勵機制，才是真正的有生命力的激勵機制。

在當今的企業中，激勵已經成為人力資源管理的重要手段，它能有效地協調個人目標和組織目標之間的關係，充分調動員工的積極性和創造力，對於增強企業活力具有很好的促進作用。唐太宗用人的長處之一便是善於運用心理學的「激勵措施」。唐太宗很早就意識到，要激勵大臣們的積極性，最方便的就是在口頭上予以表揚。他在表揚臣子的時候，往往態度誠懇，使被表揚的人感到無比的榮幸。唐太宗根據官員才能和職位的高低賜予相對的俸祿，這些俸祿並非一成不變，而是與他們的治理業績掛鉤。唐太宗對人才的任用也很有特色，他能採用「事業激勵」舉動，知人善任，做到人盡其才。對於功勳卓著的人，唐太宗還會給予豐厚的物質獎勵。每當大臣們上書言事，切中要點的時候，唐太宗便回賜其布帛以表彰他們。貞觀初年，大臣孫伏伽直言勸諫，其清廉正直為太宗所激賞，因此特賜給他價值百萬的蘭陵公主園。以上這些都是太宗對人才進行激勵的具體例子。透過這樣一種互動，可以讓人才提高工作的積極性。

一個企業要想求得生存和發展，必須要有一定數量的人才，並且能發揮這些人才的積極性、主動性和創造性。企業要保持一定數量的人才，必須採取一定的措施來留住人才；要發揮這些人才的積極性、主動性和創造性，企業也必須採取一定的措施。也就是說，企業要生存和發展，必須完善自身的激勵機制。美國哈佛大學教授威廉．詹姆斯透過對員工的激勵研究發現，實行計件薪資的員工，其能力只發揮 20% ～ 30%，僅僅是保住飯碗而已；而在其受到充分激勵時，其能力可發揮至 80% ～ 90%。透偏激勵，可以使員工充分地發揮其技能和才華，保證工作的有效性和高效率。

激勵是企業管理的重點，它對於調動員工的潛力，努力實現組織目標具有十分重要的作用。同樣一名員工，為何有時積極努力、幹勁衝天；有時又心灰意冷、消極怠工。如果從激勵的角度去分析，我們就能找出原因，並採取適當的激勵手段解決這類問題。激勵管理是企業管理的重要方式，一個對員工的業績賞不清、功不彰的組織，必定是賢愚不分、是非不明、優劣不辨的組織。在這樣的組織中，員工的榮譽心理和精神動力可能會逐漸喪失。因此，及時而科學地表彰先進、激勵優秀關係到組織活力環境的營造。

完善的激勵機制能發揮企業員工的積極性已得到企業經營者的認可，但在完善的過程中，企業經營中很容易出現這樣或那樣的問題。具體表現如下：一是完善激勵機制流於書面。企業往往把激勵機制與其他種種機制的建立作為重中之重，「寫在紙上，掛在牆上，說在嘴上」，但實施起來則多以「研究，研究，再研究」將之浮在空中，結果導致不少人才離開企業。企業沒有真正意識到激勵機制是其發展必不可少的動力源。二是建立的激勵機制很片面。以承包代替一切，認為這樣就能調動員工的積極性，但往往是事與願違，結果導致企業的員工怨聲載道，員工的積極性比沒有承包前還要差。三是存在一勞永逸的心態。企業的激勵機制一旦建立，且在初期運行良好，企業經營者就可能固化這種機制，而不考慮周圍環境的變化和企業的變化。

人才是企業生存與發展的關鍵，如何在企業有限的人力資本中，調動他們的積極性、主動性和創造性，完善的激勵機制是必不可少的，因此企業一定要重視對員工的激勵，根據實際情況，綜合運用多種激勵機制，把激勵的手段和目的結合起來，改變思維模式，真正建立起適應企業特色、時代特點和員工需求的開放的激勵體系，使企業在激烈的市場競爭中立於不敗之地。

發揮員工的特長

人的潛力有多大？恐怕沒有人能說出確切的數字。就是極盡想像也不能準確描述。世界上最奇妙的事情，不是太空船升空，也不是人類太空行走，而是人類自己的大腦。沒有人能測算出大腦能儲存多少資訊，沒有人能計算出大腦一秒鐘可以處理多少資訊。沒有人能準確預計人類下一刻會創造什麼奇蹟。

但有一點，卻是不爭的事實，那就是人的潛力是無限的，一個小小的電腦晶片可以裝下整個大英博物院的所有圖書資料。被認為人類迄今為止最聰明的大腦的大科學家阿爾伯特·愛因斯坦（Albert Einstein）的潛能據說只開發了不到 4%，可以毫不誇張地講，人類的大腦可以儲存人類對宇宙所有已知的資訊。2018 年病逝的當代物理學家史蒂芬·霍金（Stephen William Hawking），不僅臉部肌肉萎縮，而且全身癱瘓，他完全喪失了生活自理能力，甚至喪失了發音功能，然而這一切都沒有阻止他對宇宙奧妙的探索，沒有阻止他在物理學上的發現和建樹。而他也不過是開發出了人類大腦很少一部分潛能罷了。世界上有那麼多身殘志堅的文學家、藝術家、發明家、運動員和無數金氏世界記錄創造者，也只是開發了人類自身潛能的很小一部分罷了。

而對我們普通人來講，大腦和潛能的開發程度就可想而知了。既然人的潛力是無限的，就要學會科學的開發。IBM 的年輕員工嘴邊常掛的一句話是：「沒有嘗試就沒有機會」，IBM 稱自己為「機會平等雇主」，給不同民族、宗教、年齡和性別的員工提供平等機會，給合格的身心障礙者提供聘用機會，給每位員工發揮所長及潛能的機會，給每位員工內部晉升的機會。每一個 IBM 雇員會有兩條發展道路；一條是專業發展道路，另一條是管理道路，IBM 的專業道路劃分非常細，比如會計、財務、工程師等，輔之以多種教育，選擇各種專業發展的人可以在專業道路上走很遠。而走管理道路的人，在商業上的管理技能不斷加強，最後可能成為一個優秀的資深主管，這是現在比較流行的一種職業稱謂。

IBM 將經理分為三類，一類是一線經理，也稱部門經理；另一類是二線經理，一般負責整個業務；還有一類是職能部門經理，一般擔負著大中華區的業務範圍。一線經理直接管理做經營的員工，對手下雇員有報銷簽單、委派出差、出國的權力，也有批准 Team 中的員工學習的權力。IBM 的一線經理直接管人，直接參與經營，所以對一線經理的培訓很多。一線以上的經理許多是從一線來的，一般來說一個經理任職前要培訓，任職中也要不斷接受培訓。IBM 每年要根據業務發展情況和經理表現調整經理的位置，不合適的設置或人選會調動。IBM 員工經過許多技能培訓，為將來在職業生涯中作更大的發展打下了基礎。一個員工表現出對更高的管理水準的追求在IBM是受歡迎的。IBM如果要讓一個員工走上經理職位，會給他安排到一個培訓計畫，這個培訓過程有 4 個月，對他進行多項技能的培訓，IBM 稱之為領導才能訓練營，相當於一個幹部學習班。進入了領導才能進訓練營，你就有希望進入經理行列，培訓中會有很多的程序來測試和提高經理的能力。

優秀的經理人通常都具有一個特長 —— 即能夠發現員工的優勢，並使其有用武之地，同時在這一過程中，將員工個人的特長轉化為實際的業績。員工在自己本來就擅長的領域工作，遊刃有餘、愉悅輕鬆，甚至不需要激勵；經理人因為知人善任，收穫更多尊重和認可，以及整體部門的高工作效率和業績。那麼，現在讓我們先從結局回到開始，作為經理人，該怎樣來確認員工的優勢，怎樣去發現員工的優勢？

第一，相信每個人都有所長。其實「用人所長」已是個熟悉到麻木的詞語，但奇怪的是，仍常常有經理人認為自己的員工一無是處，或者，不斷地提醒員工改正永遠也改正不完的缺點。但事實上，如果從利用優勢的角度來觀察，沒有人會反對這個結論：一個人總是有長處的，即使是那些看起來能力最差的人。不過，當經理人的視野被員工的那些缺點充斥時，他將沒有眼光再去關心員工的長處；而當他想不遺餘力地消除員工的那些缺點時，他就更沒精力再去思考如何發揮員工的長處。人力資源管理中有一句名言，沒有「平庸的人」，只有「平庸的管理」。高明的主管，會首先承認員工的不平庸，進而從每個普通的員工身上，發現有價值的東西，並加以引導和開發。

第二，從關心現有優勢開始。即使你是個非常關心員工長處的經理人，是否也會因過於追逐挖掘員工的潛能，而忽略了其現有的優勢？要知道，和那些必須經過開發才能具有的優勢相比，顯然，現有的優勢更容易快速轉化為效率和業績。研究表明：人類通常有 24 種情緒天賦，這些天賦透過人的思維、感覺與行為展現出來。當一個人對某項事情懷有熱情，並且做起來行雲流水，無師自通，就證明這是他的優勢所在。所以，經理人如果能深入去觀察和了解員工，準確地找出他的優勢並非難事。比如有人擅長把任何枯燥的主題都表達得生動有趣，有人總能預感衝突並擅長化解糾紛，還有些人，看上去總是運氣超棒，能那麼容易地贏得他人的信任。一旦發現某個員工具有這樣的能力，千萬不要再讓他痛苦地去改正缺點或培養什麼潛能，立刻利用就好。

第三，換一個角度看缺點。有人說，垃圾是放錯了地方的寶貝。用在人的長短處上也有一定的可比性。不得不承認，因為教育的偏差或社會偏見等原因，某些被大家公認的缺點實際上是一種誤判，或者和優點之間界限模糊。也就是說，通常有可能你覺得是一個弱點，但實際上是一個優勢。比如：一個員工斤斤計較，但從優勢的角度看，他是不是恰恰是管理倉庫的最佳人選？另一個員工愛吹毛求疵，這是一個品管員該擁有的多好的素養啊！對於經理人來說，更難得的好處還在於，員工通常會為自己的缺點而感到自卑，如果你卻把它轉變成了優點，他定會因此而自信，激發出難以想像的工作熱情！

第四，潛能，是試出來的。傑克．威爾許說過：「要相信，員工的潛能絕對超乎你的想像，只要你肯挖掘，你就會得到一筆驚人的財富。」在很長時間裡，也有不少經理人非常關心發掘員工的潛能，但卻普遍不得法。和顯在優勢不同，潛在優勢不是僅僅透過觀察就能發現的，經理人需要提供更多機會讓員工去嘗試，並允許他在嘗試中犯錯誤。這既包括對本職工作的創新做法，也包括本職工作之外的新的挑戰機會。當然，挖掘員工潛能不是個簡單的單一環節，經理人還需要去激勵員工願意做新的嘗試，以及在發現其潛能苗頭之後去投入精力乃至財力幫助其開發，放大潛在優勢。如果沒有這個決心和準備，就不要抱怨員工沒潛能。

第 14 堂課

識人 —— 看對人就成功了一半

尋找真正的千里馬

「世有伯樂，然後有千里馬，千里馬常有，而伯樂不常有。」這是唐代韓愈的一篇《馬說》中的一句。這句話道出了一個事實：生活中並不缺乏人才，而是缺少一雙發現他們的眼睛。同樣，職場上並不缺少人才，甚至可以說人才無處不在，缺少的則是發現人才的管理者。獲得人才，管理者需要做的不是到外面招賢納士，而是在內部深耕細作。

身邊常常會存在這樣的現象：員工有很多好的想法和建議，其中不乏價值很高的建設性意見，但可惜的是這些想法和建議被員工藏在了心裡，並沒有提供給主管及企業。究其緣由，一個重要的原因在於員工對企業存在較強的抗拒心理，和企業產生了隔閡。從心理學角度來講，員工在企業中都會存在一種本能的抗拒心理，也可以理解成自我保護心理。這種抗拒心理的強烈程度是與企業文化開放程度成反比的，即企業文化的開放程度越高，員工的抗拒心理就越弱，與企業的溝通就越通暢；反之則員工的抗拒心理就越強，與企業的溝通就越閉塞。反觀我們身邊的企業，像谷歌、蘋果、IBM、豐田等企業文化開放程度高的企業，很多有價值的建設性意見都來自於員工的想法和建議；而在一些國企業，則奉行「不求有功，但求無過」的職場精神。因為員工深知也許因為說錯一句話或做錯一件事就會受到冷落甚至開除，這樣的心態直接導致了企業創新源泉的匱乏。所以說，身為一個管理者，應該充分去發揮每一位員工的潛力，發現他們身上的特質，找機會考驗他，然後再委以重任。具體說來，可以考慮從以下幾個方面去做：

第一，多向部下提問，獲得對部下深層次的了解。社會生活的複雜性主要表現在事與事之間存在直接或間接地連繫性，這就要求無論是做什麼事，都要盡可能地了解其深層次原因，然後，一個層次一個層次地去解決。老闆如果能養成習慣，在遇到問題時，多徵詢部下的意見，從他們的答案中，可以逐漸了解他們對問題的認知角度，解決方案，真實動機等。所謂問之以言，以觀其詳，講的就是這個道理。

第二，故意把祕密說給他聽，以此來觀察他的德行。有時候，老闆也可以故意向某個下屬提供一些次要情報，只要洩漏了出來，馬上就知道他不能守口如瓶。如果一個人不能守口如瓶，那是很難做好事情的。在資訊社會裡，商業競爭除了資金、人才的競爭，更多是技術核心的較量，由此，保守商業祕密是人才的最起碼的要素。所以當一個老闆發現部下不能保守祕密時，千萬不要把重大的問題交與他去處理，否則就容易把事情搞砸。

第三，善於追根問底，以此來測定真假虛實。有些人在回答問題時，只是敷衍塞責，可能會說得很漂亮，但是禁不起進一步的追問。另一些人雖然回答簡練，但是卻總能道出實情，也顯得比較自信。所以老闆可以抓住某一個問題，不斷地追問，密切觀察對方的反應。如果對方顯得惶惶不安，則表明他剛所作的回答大有問題；如果對方顯得很堅定，安如泰山，則表明他確實講的是真話。這一做法和現代的某些測謊手段有些類似，的確很有用。

第四，派人去誘發對方謀反，以此來評定他的忠誠程度。所謂「與之間諜，以觀其誠」講的就是這種方法。有些人搖擺不定，當面一套，背後一套，往往陽奉陰違。而且這種人言行詭祕，也不是很容易就能鑒定出來的，最好的手法莫過於故意派人與之密談、策反，看他是否附和。例如：可以派人在他的面前故意說老闆的壞話，以看他是否也開始抱怨，就能把這類人區分出來。

第五，故意讓他經手錢財，看他是不是廉潔。一個企業的生存與發展離不開財務的正確管理。如果企業內部的員工沒有清廉的作風，企業很難再立足下去。看部下是否清廉，最好是在實踐中觀察他。讓他經手一些錢財，看他在辦理這些事情的過程中有沒有貪汙的傾向，看他是否會接受賄賂，因為錢財的問題會涉及各方的利益，所以在這個過程中也就很可能有人行賄。如果部下因此受賄而在處理錢財時故意偏袒某一方，則就表明他並不清廉，對這種人一定要小心提防。

第六，故意帶他到聲色場所，看他如何表現。有些人很在乎錢，有些人則常沉迷於女色。這兩種人都會因此而敗事，不能委以重任。重錢的人很可能受賄，好色的人很可能就會因枕邊細語而敗事。對於這種意外事故，老闆不得不防。不要等到東窗事發才懊悔。

第七，把困難擺在他面前，以測試他的勇氣。一般人對困難的事情都會有不同程度的畏懼，沒有足夠的膽識和勇氣是不會勇於承擔責任的。所以，故意把困難的事情告訴他，如果他表現得為難或膽怯，則不可以委以重任。

長久以來，這些方法在用人方面，非常有效。然而，這些方法有一個基本出發點就是對人的不信任，用計謀試探人。我們知道，對某（些）個人的了解多是在日常業務往來中完成的，正是要在業務交往中建立起對對方的信任感。因此，作為公司的老闆要靈活慎用，非到必要之時，絕不可亂用，也不可拿來就用，而是要領會方法的精神實質，如果讓部下知道老闆在故意試他，他就容易失去對老闆的信任，從而使人才流失。

∥重視剛加入的新員工∥

小蘭是一名剛剛進入職場的實習生，她為人隨和，工作盡心盡力，深得公司老闆和同事的喜歡；她做祕書已經三個月了，但仍然不能勝任本職工作。這可難住了老闆。解僱她，實在是很可惜，公司在她身上投資了不少時間和金錢；不解僱吧，她又做不好。老闆想：總有一個工作職位適合她。經過觀察，與她談話，老闆在了解到許多新情況後，把她調到銷售部門。果然她做得不錯，後來成為銷售主力，為公司帶來很多利益。假如老闆當初果斷辭退小蘭，那麼，公司前期所做的人才投資就拱手送給其他公司了，老闆的投資是徹底收不回來了。

和上述做法不同，有些老闆就因同樣的原因而犯了大錯，使公司陷於被動。有一個大公司，招聘了一些年輕人，其中有一個非常有頭腦的年輕人，但由於他剛進公司，老闆不大了解他，就從隨便給他安排了一個較低級的職位。這個年輕人很失望，感到懷才不遇，於是對公司的事務不太熱情，得過且過。但他很有管理才能，暗中觀察了公司的運行機制，認真分析其利弊，提出了改進的意見，可是，老闆並不以為然。令人想不到的是，他也很有商業頭腦。他建議生產新的產品，老闆也沒有採納。不僅如此，後來老闆聽信讒言，決定解僱他。這個年輕人，受挫後發憤努力，決心要付諸實施他的宏偉藍圖。他白手起家，成立一個與原公司做同樣業務的公司。後來規模不斷擴大，發展成為他曾經任職過的那家大公司的一個強勁的競爭對手。

一般的老闆對新來的職員不夠重視，通常只讓他們做些雜事，並懷有戒心，即使暫時安排個職位，往往產生「新不如舊」的感覺。老闆用那種挑剔的目光，以老員工的標準來衡量他們，有一種看走眼了的感覺，甚至把他當成包袱，急於甩掉。當然這也使新雇員大為失望。應該說老闆這種心態很不好，缺乏長遠眼光。經過甄選的新雇員沒用，更多的是客觀原因造成的，特別是你有沒有給他機會，或沒有給他合適的職位，使其不能展示其長處，落了個「英雄無用武之地」的境遇。如若老闆有一個用人的平常心，對新雇員不存偏見，著力培養，不輕易放棄，也許新雇員會是另一種樣子的。

如果公司來了個新雇員，公司主管要詳細告訴他公司工作的「環境」、公司的現實情況和發展前景，新雇員獲得的資訊越充分，越容易安心工作，與公司主管，與老職員交往越緊密，就越容易建立歸屬感，要把新雇員放在能幹的老職員身邊，讓他盡快熟悉業務，同時不時地詢問一下他工作的感受，工作的困難，徵求他們改進工作的意見。適時地承認他們的工作熱情和努力，給他們一定的鍛鍊提高的機會。新職員由於工作經驗少，不會固守前例，還會發現公司存在的問題。因此，管人者應重視新來職員的建議，要一視同仁地向新職員商議，從心理上、從工作中盡快接納、認同新職員。一旦發現他們的潛力所在，就要合理地大膽安排。這才是講究效益，遠近兼顧的老闆。公司要重視挖掘新雇員的潛力，也許新雇員並不是出色人才，但你不要放棄。重新發現他的優點，並加之利用，相信他一定會創造出你意想不到的成績。

身為領導者對於企業招聘的新員工，要詳細告訴他公司工作的「環境」、公司的現實情況和發展前景，使新員工盡快獲得這些資訊。新員工獲得的資訊越充分，越容易安心工作，也就省去了到處打聽小道消息的時間和精力。與公司主管，與老員工交往越緊密，就越容易建立歸屬感，也有利於打消他的試試看、不行就走人的想法。

為未來儲備人才

身為一個領導者，應該以策略的眼光看待「納才」問題，要根據自己的事業做長遠的打算，不能只顧眼前，而忘了將來，否則事業再多只能曇花一現。就如一支足球隊一樣，僅滿足場上的幾名年輕力壯的優秀運動員，陶醉在他們所創造的成績當中，而忘了後備人才的培養，一旦場上的團隊退役，這支球隊必然會陷入低谷。成功的領導者，在招賢納士的同時，便根據自己的需要，根據時代潮流發展的趨勢尋求後備人才，甚至創辦一個培訓班，對青少年進行職業培訓，只等上一班人離開，便可以立即填補人員退離後留下的空白，這樣不會出現「青黃不接」的「休整期」，對事業的持續、快速發展大有裨益。具體說來，可以從以下兩點去努力：

一是人到用時不恨少。一些領導者在用人過程中往往頭痛：「能當重任的人太少了！」在感嘆的時候，他們有沒有去思考一下自己找不到人才的原因呢？作為領導者，平時不注重多招納才，在關鍵時刻才慨嘆人才稀少，其實是領導者的失敗之處，成功的領導者在廣泛的人際社交之中，就已經看好了自己所需的各種人才，只等時機成熟，便努力將其納入自己帳下。因此，他們是永遠不會叫喊人才難覓的，而且處處占據著主動和先機。《財星雜誌》在敘述美國歷史上最大的反敗為勝的事蹟時指出：通用汽車公司的總裁傑克．史密斯把「建立遠景」列在他領導訣竅中的榜首，而時下的學術研究也證明了研究遠景的重要性。顯然，在遠景規劃中，如何納未來之才占據著重要的一席。事業對人才的要求往往具有超前性，如果事先不做好納才的準備，等到急著用時，已經是人才難覓了。因為此時，社會上所有的部門或者公司均四處搶奪人才了，誰領先一步，誰就是最大的贏家，而如果領導者對納才一直具有一種遠見，就完全可以「坐山觀虎鬥」，等其他領導者為「人才爭奪戰」忙得焦頭爛額時，自己卻可以靜觀其變，獲取漁翁之利，「人到用時不恨少」是一個領導者大智大勇的具體表現之一。

二是有數量才有品質。乍看之下「有數量」三字，一些領導者可能會驚訝：「我養著一批無用之人豈不是白白浪費錢財！」如果真這樣，那只怪這些領導者在識才上不具慧眼，以致在納才上也鑄成大錯。我們所說的納才中的有數量。當然是指有一定數量的人才而不是指無用的「白痴」。領導者不要以為隨便招一批員工到自己團隊，便具備了納才中「有數量」的條件了。果真如此，該領導者只怕會「偷雞不成，倒蝕把米」了。納才時要求有數量是指領導者在招聘人才時，眼光不能太狹隘。打個比方，如今的液晶電視行業競爭日益激烈，其中隱含的是人才的競爭。單純就液晶電視設計，生產技術而言，許多專家憑自己一人之力就完全掌握，可為什麼而今的名牌液晶電視生產廠商都四處招納專家、學者，成立技術研究會呢？這不是浪費嗎？當然不是！要知道，電子技術日新月異，僅僅憑一兩個專家的力量遠遠應付不了變幻莫測的局勢，今天還是先進產品，明天就可能落後了。因此，只有聚集大量人才的能力，共同研究，才能掌握千變萬化的場面，提高研究成果的品質。俗話說的「眾人拾柴火焰高」，很好地展現了有數量才有品質這一原則。而集團不惜花鉅資養著自己的技術研究會，而且還繼續執行「以人為本」的策略，招聘天下有才之士，絕不是虛張聲勢，這正展現了幾位董事長的睿智。他們真正理解了「有數量才有品質」的精髓，所以他們能夠在激烈的市場競爭中脫穎而出，傲視天下！

那麼，一個成功的管理者繼任管理都應該具備哪些要素呢？

第一，平穩過渡。首先要選擇能力強的繼任者，這是公司事物順利銜接的關鍵要素。要在技能和知識方面給予繼任者盡可能多的人力、物力、智力上的幫助，以使公司運轉在最大程度上不受影響，保證公司事物的正常營運。

第二，選擇最合適評估手段。選拔培養繼任者，要因人而異，因職位而異，根據他即將上任的職位給予合理的安排，根據候選者的特長和工作職位量身定做最合適的評估任務，而不要隨便分派個任務，不管他能否勝任好歹由他去了。

第三，客觀的評價和回饋。對於繼任者來說，對他要盡量選擇客觀的評價，收集客觀的回饋意見，去除存在主觀好惡的評價和回饋。

第四，適當的選拔標準。明確的告訴繼任者勝任空缺職位所需要的綜合素養：技能、價值觀、執行力、態度等決定成敗的因素，使繼任者的努力方向更加明確。一個優秀的管理者要能夠清醒認知所處環境、企業現狀，做好打持久戰的準備；正直，有魄力，有膽識，勇於碰硬，勇於面對現實，勇於推動變革。

第五，廣撒網。選擇關鍵職位最合適的繼任者，通常是從一個以上的候選者當中選拔。一些成功的選拔案例通常是從兩個或者更多優秀的候選者中選拔的結果。一般來說，鎖定一個目標人選來進行專項培養的做法是不可取的。

「凡事豫則立，不豫則廢」，如果企業可持續發展的人才儲備不足，「將帥」人才嚴重匱乏，那麼企業想要追求高速發展，是注定要失敗的。只有始終以人才的培養作為企業發展的創業之本，競爭之本，發展之本，「築巢引鳳」，才會使公司成為人才聚集的高地。只有擁有一流的人才，才能打造一流的企業。

第 15 堂課

口才 —— 表達思維的尖刀利器

善於運用幽默的力量

在西方，政界領袖和社會名流很重視自己有無幽默才能。他們認為幽默是智慧、才能、學識和教養的象徵，是自我表現、取悅於民的極好手法。對於總統競選、當眾論辯、演講致詞，社會交往等活動，必須要充分顯示自己的幽默感。一句得體的俏皮話，立刻就會讓你和聽眾之間的距離縮短，獲得好感；幾句對付難題的機智問答，不但會使自己一下子擺脫困境，還會展現美好的自我形象，獲得人們的支持和讚美。

在許多國家，不僅總統有幽默顧問，而且社會各界還創辦各種新奇的報刊、活動和組織，如幽默雜誌、幽默協會、幽默俱樂部、笑話公司、設有開心護士的幽默診所等，人們藉此消除疲倦，增進健康，鬆弛繃緊的心弦，開展社會交往活動。那麼，作為一名主管，不管是國家領導者還是企業領導者，懂得幽默都是至關重要的，主要表現在：

· **用幽默風趣的語言表現自己的良好風度**：幽默是人的思想、常識、智慧和靈感的結晶，幽默風趣的語言風格是人的內在氣質在語言運用中的外化，在公關交際中有很重要的作用，一是幽默能激起聽眾的愉悅感，使人輕鬆、愉快、爽心、舒情。這樣可活躍氣氛，連結雙方感情，在笑聲中拉近雙方的心理距離。二是幽默的一個顯著特點是寓莊於諧，透過可笑的形式表現真理、智慧，於無足輕重之中顯現出深刻的意義，在美聲中給人以啟迪和教育，產生意味深長的美感趣味。三是幽默風趣還可使矛盾雙方從尷尬的困境中解脫出來，打破僵局，使劍拔弩張的緊張氣氛得以緩和平息。四是幽默風趣還有利於塑造交際中的自我形象，因為幽默的風度是良好性格特徵的外露。對每個人來說，幽默風趣的語言風格固然有先天成分的影響，但更有後天的習得。我們應掌握一些構成幽默的方法，並在語言表達中注意加以運用。

· **使人際社交變得更順利**：心理學家們認為，除了認知和勞動之外，交際是形成人的個性的重要活動。幽默，在某種意義上講，是人與人交往中的潤滑劑，它可以使人們的交際變得更順利，更自然。比如某人打算向自己的朋友提出一個要求，但又不知道對方能不能應允。當然，這一要求一旦被對方拒絕，定然令人難堪，甚至會危及友誼。而幽默往往是解決這種困窘的最好辦法。也就是說，他應該以開玩笑的方式提出自己的要求。如果那個熟人由於種種原因不可能或者不願意滿足這一要求，他同樣可以以開玩笑的方式婉轉地予以拒絕。這樣，任何一方都不會感到太為難或自尊心受到損害。如果以幽默的方式所提出的要求為對方所應允了，便可轉入嚴肅認真的討論。這時幽默作為一種不得罪人的「偵察方式」，達到了試探作用。

幽默能穩定群體的情緒，特別是當一個群體正醞釀著一場衝突時。這時，恰到好處地說幾句幽默風趣的話能緩和緊張的氣氛，使劍拔弩張的情緒平穩下來。著名的挪威探險家圖爾·赫伊葉爾達勒在為「野馬號」挑選乘員時，就十分注意他們是否有足夠的幽默感。他曾經這樣寫道：「狂暴的寒風、低沉的烏雲、彌漫的雨雪，與6個由於性格不同、主張不一的人組成的團體可能出現的威脅相比，只是較小的危險。我們6個人將乘坐木筏，在洶湧的洋面上漂流好幾個月。在這種條件下，開開有益的玩笑，說幾句幽默的話，對我們來說，其重要性絕不亞於救生圈。」

· **幽默地化解尷尬**：英國前首相詹姆士·哈羅德·威爾遜（James Harold Wilson）與一個小孩有過一件趣事。有一天，威爾遜為了推行其政策，在一個廣場上舉行公開演說。當時廣場上聚集了數千人。

突然從聽眾中扔來一顆雞蛋，正好打中他的臉。安全人員馬上下去搜尋鬧事者，結果發現扔雞蛋的是一個小孩。威爾遜得知之後，先是指示屬下放走小孩，後來馬上又叫住了小孩，並當眾叫助手記錄下小孩的名字、家裡的電話與地址。臺下聽眾猜想威爾遜是不是要處罰小孩子，於是開始騷亂起來。這時威爾遜要求會場安靜，並對大家說：「我的人生哲學是要在對方的錯誤中，去發現我的責任。剛才那位小朋友用雞蛋打我，這種行為是很不禮貌的。雖然他的行為不對，但是身為大英帝國的首相，我有責任為國家儲備人才。那位小朋友從下面那麼遠的地方，能夠將雞蛋扔得這麼準，證明他可能是一個很好的人才，所以我要將他的名字記下來，以便讓體育大臣注意栽培他，使其將來能成為棒球選手，為國效力。」威爾遜的一席話，把聽眾都說樂了，演說的場面也更加融洽。也許有人會說，威爾遜是小題大作、故弄玄虛。但不管怎麼說，他懂得從別人的過錯中發掘長處，積極尋找具有建設性的建議，不僅讓不愉快的事情隨風而逝，而且還將壞事化為好事，幫助自己擺脫尷尬的境地。拋開其他而不論，多數聽眾認為，威爾遜對待小孩子的趣事，還是幽默與可貴的。

· **在輕鬆中達到教育的目的**：幽默式批評就是在批評過程中，使用富有哲理的故事、雙關語、形象的比喻等，緩解批評的緊張情緒，啟發被批評者的思考，增進相互間的感情交流，使批評不但達到教育對方的目的，同時也能創造一個輕鬆愉快的氣氛。

怎麼說下屬才愛聽

每個人都希望用語言博得大家的好感，對於一個團隊的主管來講就更是如此了。在一個團隊裡，怎樣說才能讓下屬對你有好感呢？

多提一些善意的建議

當他人關心自己時，只要這份關心不會傷害到自己，一般人往往不會拒絕，尤其是能滿足自尊心的關懷，往往立即轉化為對關懷者的好感。

滿足他人自尊心的最佳方法就是善意的建議。對方是女性時，只要說：「你的髮型很美，只不過是句單純的讚美詞；若是說：「稍微剪短點會更可愛」，對方定能感受到對自己的關心。若是能不斷地表示出此種關心，對方對你必然更加親切信任。

偶爾暴露自己一兩個小缺點

生活中，每當專賣店或大型超市舉辦「瑕疵品拍賣會」，必然造成洶湧的盛況，甚至連大拍賣也比不上它的吸引力。為什麼「瑕疵品」，能如此地激起人們的購買欲呢？這可說是買家勇於表示商品具有瑕疵的緣故。之所以如此說，是因為坦率地暴露缺點，反而使一般民眾對該公司正直、誠實的作風留下深刻的印象，而此種誠實、正直往往轉變成民眾對其商品的信賴，自然公司也就大受其益了。只是暴露自己的缺點並不是毫不保留地將所有的缺點都暴露出來，如此做，反而使人認為你是個毫無可取之人，因而喪失信用。暴露自己的缺點一兩個就可以了，可使他人難以將這一兩個缺點和其他部分聯想在一起，因而產生其他部分毫無缺點的感覺。「這個人有點小缺點，但是其他方面挑不出毛病來，是個相當不錯的人！」類似上述的想法就能深深植入他人的心中。

要記住對方所說的話

某位心理學應邀到某地方演講時，不料主辦者之一卻問他。請問先生的專長是什麼？」他頗為不高興地回答：「你請我來演講，還問我的專長是什麼？」招待他人或是主動邀約他人見面，事先多少都應該先收集對方的資料，此乃一種禮貌。換句話說，表現自己相當關心對方，必然能贏得對方的好感。記住對方說過的話，事後再提出來做話題，也是表示關心的做法之一。尤其是興趣、嗜好、夢想等事，對對方來說，是最重要、最有趣的事情，一旦提出來作為話題，對方一定會覺得很愉快。

及時發覺對方微小變化

一般做丈夫的都不擅長對妻子表現自己的關心。比方說，妻子上美容院改變髮型時；明明覺得「看起來年輕多了，卻不說出口，因而使妻子不滿，覺的丈夫不關心自己。不論是誰，都渴望擁有他人的關心，而對於關心自己的人，一般人都具有好感，因而，若想獲得對方的好感，首先必須積極的表示出自己的關心。只要一發現對方的服裝或使用物品有些微小的改變，不要吝惜你的言詞，立即告訴對方。例如：同事打了條新領帶時，「領帶吧！在哪裡買的？」像這樣表示自己的關心，決沒有人會因此覺得不高興。另外，指出對方與往日不同的變化時，越是細微、不輕易發現的變化，使對方高興的效果越大。不僅使對方感受到你的細心也感受到你的關懷，轉瞬間，你們之間的關係就會遠比以前更親密可信。

呼叫對方名字

歐美人在說話時，常說：「來杯咖啡好嗎？史密斯先生」、「關於這一點，你的想法如何？史密斯先生」，頻頻將對方的名字掛在嘴邊。很令人不可思議的是，此種作風往往使對方湧起一股親密感，宛如彼此早已相交多年。其中一個原因就是，使對方感受到已經認可自己了。在我們的社會裡，晚輩直接呼叫長輩的名字，是種不禮貌的行為。但是，借著頻頻呼叫對方的名字，來增進彼此的親密感，並不是百無一利的方法啊！

提供對方關心的「情報」

一位朋友有個奇怪的習慣，總是在他人名片的背面寫上密密麻麻的記事。與其說他是為了整理人際資料或是不忘記對方，倒不如說是為了下一次見面做準備。也就是說，將對方感興趣的事物記錄下來，再度見面時，自己就可提供對方關心的情報作為禮物。即使只是見過一次面的人，若能記住對方的興趣，比方說是釣魚吧！在第二次、第三次見面時，不斷地提供這方面的知識或是趣事，藉此顯示自己對於對方的興趣很關心，結果，必然使對方產生很大的好感。

或許有些人會認為此種做法太過於功利主義。事實絕非如此。此種做法的確出於對對方的關心，而去收集種種的情報，借著經常保持此種姿態，結果必然能將一般通用的話題轉化為己身之物，換句話說，以長遠的目標來衡量，此種做法能成為表現自我的有力武器，延續對方對自己的好感與信任。

提高自己的應變能力

人們在交往中，免不了會遇到各種各樣的麻煩，這時一定的口才和策略極有利於你擺脫困境、保持尊嚴。生活中有很多這樣的例子，有一位已經是幾家連鎖公司的大老闆，可有人卻在社交場所諷刺他受教育太低，是暴發戶；或譏笑他小時候的窮困潦倒模樣。他卻坦然地開了自己的玩笑：「沒錯，我出身窮苦的家庭。我小的時候，別的小孩做模型飛機，而我是在做模型饅頭。」「我們從來不窮，也沒有挨過餓，只是有時會把吃飯時間無限延後罷了。」

比如你正在興高采烈地同朋友交談你最近做一筆生意賺了大錢時，不料另一個人恰好過來說：「別聽他吹，他沒有賠本就算萬幸了。」你可以接著朋友的話說：「這人看到我兩手空空就以為我賠了本，真該給你看一看我的存摺。」

遇到這種時候，千萬不能保持沉默，否則就等於你默認了別人的譏諷，這將不利於在人際社交中占主動。如果這些行為是親友、同事的玩笑話，那你不妨以同樣詼諧的話予以「反擊」，不要用氣憤和尖刻的話來反擊，那有失風度。對這些善意的圍攻，用幽默的自嘲就可以使你從困境中擺脫出來，以泰然自若的神情面對別人，不僅不會使你受損，還會平添許多風采。表面上看是自嘲，其實是包含著自嘲者強烈的自尊、自愛的積極的交際手段，會增加你的交際魅力。如果是與你有怨，故意讓你出醜的別有用心的人，你一定不能「嘴軟」，要迎頭予以還擊。有一次蕭伯納正坐著沉思，他身邊的一位美國金融家說：「蕭伯納先生，告訴我你正在思考什麼，我將付你一美元。」

蕭伯納看了他一眼說：「我的思考不值一美元。」接著他的話鋒一轉說：「我思考的正是你。」金融家本想戲弄蕭伯納，卻沒想到會自討沒趣。對別人惡意的譏刺，反諷要針鋒相對，不留情面，使之氣焰全消，無法再自鳴得意。如果在各路商界名流匯聚的晚宴前，有人把你從頭到腳搜索一遍後，然後裝腔作勢地嚷道：「哎呀呀，你就是某某集團的王總？真認不出。」你不妨立即駁斥：「站在山的腳邊，自然看不到山。」

在交際場合，人身攻擊之類的不愉快事件是難免的，尤其老闆處商戰第一線，有意無意中多少也得罪、結怨一些人，遇到對方的譏刺和輕視，如果你不想啞巴吃黃連，用回諷作為你的應變策略是必要的。交際中老闆們可能還會碰到這類困境，某人總是在你面前，誇耀他的成就，而你卻一直被公司市場不景氣所困擾，或者你很討厭此人，不願跟他囉嗦，浪費時間，為避免他人誤會你嫉妒或怨恨他，你可以另起爐灶 —— 轉換話題打斷他或者找個藉口開溜。交際中「藉口」策略行之有效：「我有急事」，「有個朋友臨時約我」，「身體不舒服」，「塞車了」等等。當然利用藉口是為了擺脫困境，如果用它來做出損人利己的事情則就不當正了。身為管理者，在交際場合還可能會遇到如下麻煩，一個品行不端的人再三向你借錢，你不借給他，因為你清楚地知道如果借給他，便「肉包子打狗 —— 有去無回」，一個熟人向你推銷某類商品，你知道買下要吃虧，但又因是熟人，所以你不知如何拒絕；一個朋友約會於你，但是你現在沒有心情，諸如此類事情，老闆如何在處境不利或某些客觀情況的逼迫下拒絕他人，堅持自己的意志呢？這就需要一些智慧。

對於纏著向你借錢的人，你明確地告訴他現在企業資金周轉不過來，確實沒錢，如果他不識相，你告訴他他不受歡迎。對於推銷商品的熟人，你告訴他現在沒打算買這個，或者你不喜歡用它。對邀請你赴約的人說：你不想去。當然這都是一般的拒絕，效果不一定好。如果聰明的老闆採取另一種機智的拒絕，把「不」說成「不能不」、「不是不」，從正面回答，口氣緩和，言詞委婉，讓人愉快接受。如前面所說的麻煩可是這樣拒絕，「我不是不借（實際上不借）而是……」「我不是嫌產品品質不好（實際是品質差），而是「我不是不去（實際還是不去），而是……」，或是先肯定再轉則式的拒絕，如「這東西還可以，就是太貴了。很好，可更喜歡……等等。同樣一句「不」，因說話不同而給人的感受卻大不一樣。機智的拒絕能將拒絕的負作用減少到最低程度，是應變中的上上策。

禮貌地拒絕別人，對老闆不會有任何損失，還會給你帶來良好的影響力。

人人都希望擁有自尊，即使在被人拒絕的時候。所以，不傷害他人而又能脫身應變是現代企業家在複雜的交際中應恪守的原則。

第 16 堂課

整合 —— 把自身資源優勢最大化

把精力放到重要工作上

集中精力是提高工作效率最有效的方式之一。工作時，如果注意力不集中，不是在思考正在做的事情，而是分心想其他事情，工作效率就會大打折扣。日常工作中，即使事情再多，也要一件一件地進行，做一件事情就要了結一件事情。集中精力把一件事情處理完畢後，再把注意力轉向其他事情，這樣工作效率才會提高。

一個商人因為業務發展的需求，決定招聘一個小夥計。他在商店裡的窗戶上，貼了一張獨特的廣告：「招聘一個能集中精力的男孩。每星期 6 美元。」不久，就有許多男孩來應聘。每個求職者都要經過一個特別的考試。那就是一刻不停頓地朗誦一頁報紙。每次閱讀剛一開始，商人就放出 6 隻可愛的小狗，許多男孩由於經受不住誘惑要看看美麗的小狗而忘記了自己的角色，當然，他們也失去了這次機會。就這樣，商人打發了幾十個男孩。終於，有個男孩不受誘惑一口氣讀完了。商人很高興。他們之間有這樣一段對話：商人問：「你在讀書的時候，沒有注意到你腳邊的小狗嗎？」男孩回答道：「對，先生。」「我想你應該知道牠們的存在，對嗎？」「對，先生。」「那麼，為什麼你不看看牠們？」「因為你告訴過我，我要不停頓地讀完這一段。」商人在辦公室走著，突然高興地說道：「你就是我要找的人。明天 7 點鐘來，你每週的薪資是 8 美元。我相信，你大有發展的前途。」後來，男孩的最終發展的確如商人所說，若干年後，男孩成了一個有著良好口碑的百萬富翁。

集中精力是成功的基本要素之一。很多人不能把自己的精力集中起來投入到他們的工作中，完成自己的使命，這可以解釋為什麼有的人成功，而有的人失敗。

文文在一家出版社從事校對工作，她曾為自己定下一條原則：除非有特殊緊急事情，否則就要全身心地投入到校對工作中去。她將所有的精神集中在一件事上，即創造一個有創意與高效率的工作環境。換句話說，一坐到書桌前，她就不再想別的事，哪怕手中的書稿校對到只剩最後一頁，她也絕不去想下一部書稿的事。沒多久，她就發現，這條原則能讓她專心致志地去做，而且她很少感到校對是一種枯燥無味的工作。她甚至發現一個小時的專心工作，抵得上一整天被干擾的工作的成果。

當你心無旁騖、集中精力地工作時，你就會發現你將獲益匪淺——你的工作壓力會減輕，做事不再毛毛躁躁。由於對工作的精力集中，還能激發你更熱愛自己的工作，並從工作中體會到更多的樂趣。職場中那些取得成功的人，不僅養成了集中精力工作的習慣，而且還把集中精力工作看成是自己的使命。有位科學家說過：「如果把一畝草地所具有的全部能量聚集在蒸汽機的活塞杆上，那麼它所產生的動力足以推動世界上所有的磨粉機和蒸汽機，但是，由於這種能量是分散存在的，所以從現實的角度來說，它基本上毫無價值可言。」這說明能量集中的重要性。

同樣地，做事情必須專心致志，只有把自己的注意力和精力集中在已經確定的目標上，並且貫穿到為實現目標採取的行動上，才能保證成功。因此，一個人在做一件事情時，不能同時想著另一件事情，而應該把注意力集中在此時此刻所發生的事上。要清除大腦中那些分散注意力、產生壓力的想法，排除分散注意力的一些人和事的干擾，使你的思維完全集中到當前的工作狀態。

如今，做事是否集中精力，已成為衡量一個人職業素養的標準之一。一些企業文化宣導「做一行、專一行」，而我們在工作中做到集中精力，全身心地投入，便是敬業最基本的展現，而這對於我們自己也是非常重要的。只有把集中精力工作當成使命並努力去做，養成集中精力工作的好習慣，你的工作才會變得更有效率，你也才會更加樂於工作，而且還更容易取得成功。那麼，在實際工作中，管理者如何讓自己或員工把精力都集中到工作上來呢？管理者根據自己的團隊的實際情況參照以下幾點去嘗試：

第一，寫下每天的任務以計劃你的一天。沒有什麼比一張放在旁邊的任務單更讓你集中注意力了。當你寫下當天需要完成的事項後，把它放在你的旁邊可以不斷提醒你要集中注意力。

第二，分配出同事可以打擾你的時間。在一個忙碌的工作場所，大家不斷的走動和談論。如果你的工作角色要求其他成員和你交流，試著分配一個時段可以讓大家和你交流。讓他們知道一天中的某個時間，比如下午兩點到四點你可以被打擾，而不是每十分鐘就被打擾。這樣，在其他的時間，你就可以真正的做一些工作了。

第三，使用時間表。時間表的好處在於，在有限的時段內完成一件事，比如 30 分鐘，而不是做一件事直到完成。如果時間到了，工作可能已經完成。如果沒有完成，再分配其他時段，可能過幾天再繼續做。這樣就可以保持工作的新鮮感，而不會因為老做一件事而疲憊。

第四，使用耳機但是關掉音樂。有些人喜歡在工作的時候是完全安靜的。但這也是根據工作類型決定的。如果你做一些嚴密的計畫或計算工作，在耳邊放音樂也許就不能讓你集中注意力。這時你可以戴上沒有放音樂的耳機以遮罩外界的噪音。

第五，找一個最適合做重複和無聊工作的時間。不管你怎麼逃避，你都要面對一些無聊或者重複的事情。對於這些事，最好在一天的某些時候來做。比如：在一天開始時不要做這些事，而是做一些比較需要動腦筋的工作。應該把重複工作放在一天結束的時候比較累的時候來做。

第六，不要長時間打私人電話。大部分人都能分清楚工作和生活（或者說嘗試著分清楚）。我們都希望在我們的私人時間不要受工作的影響。反之也成立。試著限制在工作時候做私人事情的時間，不然這樣會分散你的注意力和工作的動力。你肯定不希望在需要完成一件重要的事的時候還想著週末和朋友出去玩的事。

第七，清理你的桌面。假設你的桌面也許只能用混亂來形容。如果你不需要花太多時間就能夠找到你需要的東西的話，這也不算是一件壞事。但是，如果你不能夠迅速找到你要的東西，我建議你清理一下你的桌面。這並不是說要讓這張桌子什麼東西都沒有，而是指如果你需要一件東西的時候，你能夠隨手就拿到。比如：當你需要一個地方寫字的時候，讓筆和紙放在一個你很容易就拿到的地方，這很有幫助。

第八，改變你的觀念，讓工作變得有意思。對每一個人來說，做一件自己不喜歡的事要集中精力是件很難的事。在多數情況下，可能什麼也做不了。但是，也要注意到對於工作的感覺是可以控制的這個事實。建議大家改變自己的觀點，把工作當作遊戲。注意力不集中，是因為沒有挑戰，所以應該讓事情變得有意思起來了。

精心培養核心下屬

身為一個管理者，要想了解下屬的工作態度如何，最好的方法是觀察他們平時對工作的態度，如他們與同仁、顧客、主管、下級員工共事時，顯現何種專業特長？在壓力之下，或是工作脫離原先計畫的軌道時，他們所表現的領導特質又是什麼？他們所展現的哪一些特質和你的領導風格有何相似之處？他們的行事風格與你有何不同？你能夠在兩者之間找到彼此吻合的共同點嗎？並把他作為重點培養對象嗎？

如果你覺得自己已經找到一位或多位適合的骨幹人選，接下來就把他們請進辦公室，和他們討論你的想法和計畫，看看他們是否有同感。有些人喜歡有安逸、保障性質的工作，無意改變現狀或往上爬；有些人對改變的態度比較開放，當你對他們解釋你的計畫時，馬上就顯得躍躍欲試。你的選擇過程應該保持非正式的基調，目的是言談之間透露這樣的資訊：「我已經觀察你的工作有一段時間了，我認為你擁有的一些實力顯示你可能做個出色的老闆。我願意幫助你，反過來，我也能從你這裡獲得一些幫助。」獲得你青睞的入選者應該立即展開學習的歷程，基於你對他工作的了解，必須清楚他在哪一個部分最需要幫忙，哪些工作又是最容易示範領導力的領域，還有這位入選者發展必要技巧，以及最需要下工夫和他人協助的地方又在哪裡。在這個調教過程裡，你可以正式的，也可以採取輕鬆的做法，時間長短任你決定，深入細節或是抓住原則，也都由你視情況而定。

切記，當你第一次授權給助手時，不能寄望一定會成功。你不可以輕率的決定：「好吧，既然第一次交給他一項大計畫他就搞砸了，我們還是先喊暫停，檢討一番再說。」事實上，從錯誤中學習是無價之寶，在學習過程中最重要的是這個下屬有沒有從犯錯中學到教訓，這意味著身為主管和考察人的你，必須花長一點時間，才能得到最真切的觀察。等觀察時期告一段落之後，就是你插手的時候了，你可以提供一些建議、做一些調整、給下屬一些建設性的批評，或提供諮詢，或是其他類似的矯正協助。唯有獲得你的回饋，下屬才可能學習和發展新的技能。他們需要了解哪些事情做得對，哪些又做得不好，這時候你的角色是指引受訓下屬新的方向，並且協助他們解決訓練過程中碰到的問題，你應該要表現出高敏感度、有人情味、機智練達的特質來。

犯錯是人之常情，就像寫錯字需要橡皮擦，劃破了皮需要繃帶一樣。有些錯誤固然會釀成無法彌補的災禍，可是也有無數小過錯是微不足道的。你的工作是擬定處理出錯事件與犯錯員工的政策，並且讓每個人回到工作職位上。你應該把目光放在大局上，將心力焦點集中在這位受訓助手最終的成就與長遠的收穫上。再提醒一次，這時候你仍然需要極大的耐心，下屬需要知道你不會在他們一出錯時就出言責備，如此一來，如果他們真的犯了錯，就會以更好地表現來證明他們並非不能做好，給他們一次機會吧！

良好的老闆也是最會打氣的人，即使在事情似乎一塌糊塗、無可救藥時，他們也能鼓舞起員工的士氣。這些老闆以言行來證明他們的計畫終究會成功。在組織太平無事、業績良好、景氣一片繁榮的時候，許多管理人可以擔當為員工打氣的任務；可是在局勢困頓、樣樣不順利的時候，唯有老闆知道如何鍛鍊、訓斥、教導、讚美下屬，使他們重新充滿希望。老闆懂得善用誠心的讚美與積極的支援，有時候更不惜出借自己的肩膀，讓遭遇挫折的員工盡情倚靠、哭訴。不論事情順不順利，員工都需要有這樣的意識：他們可以隨時向你尋求建議與支持。

下面我們就來看一下，世界軟體業巨頭微軟公司是怎樣發現員工身上的特長的，在微軟，人事變動極為頻繁，隨著管理臺階的一步步提高，競爭也就變得越來越殘酷。因為微軟的用人制度和招聘原則不唯學歷資歷和老本，而是「誰比我更聰明」。微軟的不斷擴張，意味著在微軟謀職的可能性隨時都有，經常有職位空缺，最適合的人即被提升。所有這些變化的結果就是微軟始終存在晉升機會，但機會並非給予等待他十年的人，而只是最適合它的人而已。試想一群來自哈佛大學、普林斯頓大學和麻省理工學院的聰明的年輕人在微軟這樣的地方聚集在一起，他們的競爭之舉將會層出不窮，而微軟也樂得在這種殘酷的競爭中培養自己的管理骨幹此人們就看到隨著時間的推移，微軟居然會衝破一個又一個業績紀錄，並瘋狂地席捲整個股票市場。

在挑選經理這方面，微軟總裁比爾蓋茲（Bill Gates）有其獨到之處。他認為他對人的慣例同樣獨樹一幟，即使有人把他的管理風格視為「虐待式管理」。身為技術專家，要求微軟的員工將管理的技巧融入各領域的專長。

微軟追求的是員工可以不考慮級別公開發表任何意見而不必擔心遭到處罰的環境。在微軟，扁平化的組織架構、開放的民主作風使每一個有才華的人都會有機會實現把自己的成果融入產品去影響千千萬萬人。這個寬鬆的氛圍讓所有的員工都有機會嶄露頭角，獲得管理層垂青的機會。而且，蓋茲還提倡微軟的各級主管都爭做「開明」的領導。每個部門要「為公司尋找到比自己更優秀的人」。主管只為下屬提供工作方向，而不必事事躬親。因此主管對下屬的工作是「引導」，而不是「控制」。

微軟的管理者對外部市場的爭奪也非常起勁，因為市場同樣關係到內部的晉升。在公司內外，他們都追求每時每刻百分之百的占有。注重論資排輩的舊式公司的管理者們永遠也無法在這樣的競爭環境中獲勝，事實上，他們根本也搞不明白自己在和誰競爭。

在微軟，有時是事情已經確定，例如某職位已確定職能和任務，然後才去招聘物色適合做這種工作的人員。但更多的時候，微軟是因人設事，有哪種特長的人才就安排哪種事，例如微軟專門成立了自己的研究院，擇用了在電腦方面有某種技術特長的人，由員工自己選擇課題，設立相對的技術開發部，充分發揮這個人才的特長，開發新產品，為企業創造效益。這種培養模式讓員工找到自己的興趣所在，從而能夠在最短的時間內成長。

當然，微軟公司在注重培養管理骨幹的同時，也採取雙重職業途徑的方式對專注於技術領域，拙於經營管理的明星員工進行安置和培養。蓋茲知道，在高科技世界裡，專業知識和管理技巧同樣重要。對於並不具備領導能力的專長員工被管理者「獎賞性」的提拔為行政官員，其管理成效可想而知。而微軟推行的雙重職業途徑不是從合格的技術專家中培養出劣等的管理者，而是允許組織既可聘請具有高技能的管理者，又可僱用具有高技能的技術人員。

在這種環境下，技術專家能夠而且允許將其技能貢獻給公司而不必成為管理者。這些領域的人員透過增加他們的專業知識和技術水準，對企業做出貢獻，得到報酬而不進入管理層。不論是在這條途徑的管理或技術方面，每個層次的報酬都是可比的。這樣既充分保護了技術人員的工作熱情，又使得真正有管理潛力的人早日脫穎而出。

組織管理能力非常重要

組織管理能力是指為有效實現目標，靈活運用各種方法，把各種力量合理地組織和有效地協調起來的能力。他主要包括協調關係的能力和善於用人的能力兩大方面內容。組織管理能力是一個管理者的知識、素養等基礎條件的外在綜合表現。現代社會是一個龐大的、錯綜複雜的系統，絕大多數工作往往需要多個人的合作才能完成，所以，從某種角度講，每一個人都是組織管理者，承擔著一定的組織管理任務。

對一名管理者來說，組織管理能力的強弱直接關係著企業的發展和團結。所以，培養自身的組織管理能力非常重要。要培養和訓練自身的組織管理能力可從以下幾個方面努力：

第一，從心理上做好準備。組織者最重要的是具備強烈的責任感及自覺性。如果你已成為組織者，不論能力如何，只要有竭盡所能完成任務的幹勁及責任感，是會做出成績的。所謂「勤能補拙」，即是這個道理。以這種心理準備去完成任務，即可自然而然產生自覺與自信，在不知不覺之中獲得很大的進步。

雖然在自發團體中，任何人都能做組織者，但若以猜拳或抽籤的方式來決定團體活動的組織者，那就失去了組織者的意義。還是應由該群體中領導能力較強者優先擔任組織者，並在此期間內，使所有成員有機會做副手的職務，藉此磨練，可使大家提升至某一水準。然後，再讓大家輪流擔任組織者。沒經驗的人若不經此階段就直接擔任組織者，那將是相當艱難且吃力的事。看來並不適合擔任組織者的人，若在特殊情況下不得不擔負起領導組織的職責時，心中油然而生的自覺性和責任感，將刺激其主動學習的信念，這會使其迅速地進入角色，從而使人有「士別三日，刮目相看」的改變。總之，組織領導能力的產生當視情況而定，一開始即擔憂適不適合做組織者，是不正確的觀念。其實，每個人都有成為組織者的潛能，正如任何人天生都具有創造性一樣。差別在於是否我們能將這種與生俱來的天賦充分發揮。

第二，最重要的是贏得別人的支持。有一種說法，成為一個成功的組織者，30% 得自於天賦、地位與許可權，70% 則是由該組織成員的支援程度所構成的。所謂的天賦是指自小就活躍於群體中，且有不願屈居於他人之下的個性。地位及許可權是指被上級任命為組織領導者之後，在組織內所擁有的職務及權力。相比較之下，在構成領導能力的要素中，群體成員的支持及信賴顯然比天賦、地位、許可權重要多了。相反地，不管獲得多大的許可權和地位，不論上級如何重視、支持，若無法獲得團體成員的支持，則只能算擁有 1/3 的領導力，將來必會完全喪失權威。

第三，學會傾聽、整合別人的意見。在團體組織者的必備條件中，最迫切需要的是良好的傾聽能力及善於整合所有成員的意見。即使工作能力不是很出色，或拙於言辭，但若能當一個好聽眾，並整理綜合眾人的意見而制訂目標，就算是一個優秀的組織領導人才。

組織者不能自己閉門造車，而要不厭其煩地傾聽別人的意見。善於傾聽的組織者容易使人產生親切感而讓人更勇於親近。因此，他必是謙虛的，且要有學習的態度，才能成為一位好聽眾。相反，自我表現欲過強者常令人敬而遠之。一個人有說話的權利，也應有聽別人說話的風度。如果組織者在與人談論時，能設身處地耐心聽人傾訴，並不忌談話時間的長短，這個組織者必能得到眾人的信服。所以，做一個好聽眾是成為組織者相當重要的條件。

現在的不少年輕人從小就被束縛在一連串的考試競爭之中，身旁的朋友都變成考場上的對手，很少有真正能知心交談的朋友，所以，他們都由衷渴望能擁有傾訴自己煩惱的對象。能設身處地為人著想者，便能以對方立場來思考或感覺，因此能讓人有體貼溫馨的感受。不過，如今一些客觀的與主觀的原因使人與人之間的距離反而越來越遠，作為組織者具備此條件便更顯得迫切。善於整合大家的意見，就是盡量綜合所有成員的意向及想法，再經過分析整理，得出最具有代表性的結論。對於看似互相對立或矛盾的意見，組織者須有能力找出兩者的共同之處，並挑出優點而予以「揚棄」，以掌握互相對立想法中的核心問題，再創造第三個想法。能辯證地整合、傾聽成員意見者，必是一位優秀的組織者。即使開頭不能做得很好，只要以此為努力的方向，最終必定能成為出色的組織者。

第四，使別人清楚地了解你的觀念。所謂思考，也就是在腦海中「自問自答」，是對話的內在化。而賢問賢答，愚問愚答，是當然的事。發問和回答的技巧是相當重要的一環。運用難懂、抽象化的文字，會讓人摸不清頭緒，不知所以然，說矯揉造作的語言，各成員對該組織者必然敬而遠之。即使是語言學家，為了使大家明瞭其理論，也必須從抽象的語言中走出來，將其觀念具體化。

常人往往在不自覺中陷於語言的形式，結果只知語言而不知其具體的意義，這種現象，稱為固定觀念。所謂固定的觀念，也就是先入為主。在打破固定觀念之前，好的創意便無法顯現。人類運用語言思考，往往把它抽象化，以求掌握自然的法則，這很容易拘泥於固定觀念。因此，必須注意觀念的具體化，盡量使語言和事實趨於統一，才能夠真正解決疑難。要做到觀念具體化，必須付出相當的努力。人往往被語言所矇騙，以為已經明白其中意義。為了證實自己真正了解的程度，可以用「為什麼」、「譬如」等概念來自我檢討。「為什麼」是真理的探求與創造的最強大武器，「譬如」則是對實踐的理解。也就是說，組織者必須把知道的理論知識、經驗教訓靈活付諸於現實，方能取得應有成效。使觀念具體化，讓思想語言與事實更為接近，是不容忽略的大事。

第五，站在高處統籌全面。管理者要想統籌全面，需要注意以下兩點。一是做好全面規劃，制定方略，以方略率眾。一個正確的方略，不僅可以達到凝聚人心，統一行動的作用，而且還可以帶來諸多好處。作為一名組織者，要做好全盤計畫和策略，同時，還要讓其了解全面，自己應該做什麼，自己不應該做什麼。當接受任務時，即知其然，又知其所以然。這樣組織起來，就會順理成章，得心應手，就會不知不覺達到統籌全面的目的。事實證明「以其昏昏，使人昭昭」是不行的。二是提高緊急應對能力。俗話說：「計畫不如變化。」有時，事情不會按照自己設想的那樣進行，也不會那樣順利，總會發生一些讓人措手不及的事情這就需要我們提高緊急應對的能力。

總之，多參加一些活動的組織過程，慢慢就會上手了，也可以看一些這方面的書籍，但是實踐中鍛鍊的會更加好。

第 17 堂課

利用 —— 不浪費每一分時間

利用好最佳工作時間

職場上，總有一些人覺得每天都有做不完的事情，工作一件趕著一件，好像永遠也做不完。一天的工作直到下班還沒有完成，只得透過加班來完成，而長期加班必定又會導致疲憊，並且可能又帶來了第二天的效率不高，從而進入惡性循環。這些人為什麼這累，究其原因就在於不懂得有效地管理時間，從而導致的效率下降。當所需要做的事情少的時候，可能時間管理的重要性還不突顯，但是隨著需要做的事情越來越多，對於一個人時間管理能力的要求也就隨之變得越來越高，這就需要管理者科學地安排好工作時間，以期達到最高的工作效率。

下面我們來看一下管理專家就高效利用工作時間方面的一些建議。

第一，制訂工作計畫。時間對於任何人都是相同的，誰也無法獲得比別人更多的時間，因此唯一的辦法是如何充分的利用好屬於你的時間。會不會利用時間，關鍵在於會不會制訂完善合理的工作計畫。而對於這一環節，實際工作中很多人是缺失的。或者有的雖然訂立了工作計畫，但是卻只是把定計畫也當成一個工作任務去完成，並不是為了讓計畫有效地指導工作，於是這樣定出來的計畫很有可能是沒有經過仔細思考而缺乏實際指導意義的。因此，雖然做了這個環節，但沒有好好去做，或者說沒有足夠重視它。

所謂工作計畫，就是填寫自己和企業的工作時間表，哪些事先做，哪些事後做，什麼時間做什麼事，每件事大約花費的時間有多久，規定目標何時達到等。但是，有計畫地利用工作時間並不是要求管理人員把未來的工作時間全部地填滿工作內容。有計畫地利用工作時間，主要是指合理地安排最主要的工作和最關鍵的問題。這些工作和問題，只要安排得適時和得當，就會像機器的主軸帶動整個機器運轉那樣，促使其他的事情按時完成。因此，真正會利用時間的管理者，不是把大量時間花於忙亂的工作中，而是用在擬訂計畫中。

聰明的管理者，用很多時間去周密地考慮工作計畫，確定完成工作目標的手段和方法，預定出目標的進程及步驟。不但在年初制訂計畫時這樣做，在動手做每件事以前也這樣做。就是說，在這些聰明的管理者看來，什麼樣的工作就要有什麼樣的計畫。總之，大事小事，都要事先周密考慮。一旦考慮出完整的計畫，執行起來就很順利。表面看來，做計畫和考慮問題的時間占用得多了，但實際上，從總耗用時間量來計算，卻節省了許多寶貴的時間，反而是充分利用了每個時間，避免了其中不合理流程的反覆。

第二，分清事情的輕重緩急。任何工作都有輕重緩急之分。隨著工作業務的開展，大家手裡面要做的事情會越來越多。但是所有事情都有輕重之分，主次之分，只有分清了主次輕重，我們的工作才會變得井井有條、卓有成效，否則我們就會覺得做了很多，累得不行，事情卻沒有達到預期那樣。

第三，有效分派工作。對於管理者，一定要避免事必躬親。如果凡事都要親自處理，一定會被累死，還不利於下屬的成長。對於管理者一定要學會分派任務的本領，把任務合理分派給合適的人去做。就要充分了解自己下屬能力的實際情況，讓能力強的做難度大的事情，能力弱的做一般能力要求的事情。

第四，盡量避免干擾。美國兩家著名的管理顧問機構，管理工程師聯合顧問所和史玫特顧問公司曾經就「管理者為什麼都覺得時間不夠用」這個問題做了一個調查，調查發現，企業經營者之所以感覺到時間不夠，主要就是浪費太多時間在下列三方面：打電話、開會、處理信件。我們來分析一下以下三個問題。

首先，電話問題。作為一名公司的管理者，每天總要接到數個甚至數十個的電話，而這些電話通常都不能像其他公務一樣，能夠集中處理，究竟什麼時候會來電根本無從得知，因此，許多工作常因接轉電話而被干擾中斷。而當我們正在專心做一件事情或思考某一項問題的時候最好能夠一氣呵成，不要中途中斷，因為受到中斷的干擾之後，通常都要經過一段相當長的時間才能使精神或思緒再重新集中。據調查，電話的干擾是打斷經營者思路和破壞其集中精神的最主要原因。對於解決這個問題的建議是，選擇一位能幹的祕書，授予更大的權力，在某些範圍之內的電話，直接交給他去處理，不必轉接。如果非由經營者自行處理不可時，應簡短扼要，不要在電話中扯些與主題無關的事情，養成能在 3 分鐘內把問題解決並掛掉電話的習慣。

其次，開會問題。每一個企業每週總要開幾次會議，規模越大者，開會的次數越頻繁，每次開會時間 20 分鐘，多者持續 3 ～ 4 小時，這些會議有些是計畫公司政事，有些是檢討業務成效，有些是協調工作。但調查發現，大部分企業內所開的會議都患有「會而不議、議而不行」的毛病，講話者無的放矢，參會者則是昏昏入睡，等到該說的都說完了以後，主席宣布散會，於是大家帶著一臉的空白，打個哈欠。對於解決這個問題的建議是：沒有思考不開會，沒有總結不結會，沒關係的人不參會。規定員工養成開會前事先準備思考，發言必須簡短，內容必須充實，會議必做「結論」的習慣。一方面減短會議的時間；一方面使會議不流於形式。除此之外經營管理者應該視會議的性質與內容，盡量減少參加會議的人員和規模，有些會議沒有必要參加，只要在會後批閱一下會議記錄，了解全盤大要即可。

最後，信件問題。處理公私信件是一件挺浪費時間的事情，因為「寫信」不比「說話」，總是相對要慢，再加上字句的斟酌，一封信件寫下來，總要耗費一些時間，而越是工作繁忙的人需要處理的信件越多，在辦公室的時間能有幾個小時？能處理掉多少封信件呢？對於解決這個問題的建議是：能交由下級單位或祕書處理的信件，可直接交給他們去處理；必須自己回覆或口授給助理，經記錄整理後，再簽字發出，這樣就可以節省許多時間。寫信時應盡可能簡短扼要，不要拖泥帶水。

今日事今日畢

人性本身是放縱、散漫的，表現在對目標的堅持、時間的控制等做得不到位，事情不能按時完成。如果拖延已開始影響工作的品質時，就會蛻變成一種自我怠誤的形式。當你肆意拖延某個專案或者計畫「一旦……」就開始某項工程時，你就為自我怠誤落下基石。巧妙的藉口，或有意忙些雜事來逃避某項任務，只能使你在這種壞習慣中越陷越深。今日不清，必然累積，累積就拖延，拖延必墮落、頹廢。延遲需要做的事情，會浪費工作時間，也會造成不必要的工作壓力。清人文嘉有首著名的《今日歌》唱道：「今日複今日，今日何其少，今日又不為，此事何時了？人生百年幾今日，今日不為真可惜，若言姑待明朝至，明朝又有明朝事。」任何事情如果沒有時間限定，就如同開了一張空頭支票。只有懂得用時間給自己壓力，到時才能完成。所以你最好制訂每日的工作時間進度表，記下事情，定下期限。每天都有目標，也都有結果，日清日新。

美國有本暢銷雜誌做過一個關於時間運用調查，他們訪問了 14 家公司的 18 名主管，結果發現，這些主管平均一天要花 5 個半小時在談話上。結論是，主管們其實有充足的時間來完成他們的任務或達成目標，只是他們不善於利用它罷了。

據說，大發明家湯瑪斯．愛迪生（Thomas Edison）結婚那天，婚禮剛剛結束，他突然想出了一個主意，是一個解決當時還沒試驗成功的一個問題癥結的點子，便悄聲對新娘瑪麗說：「親愛的，我有點要緊的事到實驗室去一趟，待會準時回來陪你吃飯。」新娘一聽，心裡不太樂意，可又無可奈何地把頭點了點。他這一去，到晚上也不見影子。直到半夜時分，見實驗室點著燈，進去一看，愛迪生在那裡聚精會神地工作。找他的人不禁脫口喊出來，「哎呀，新郎先生，原來你躲在這裡，你讓我們找得好苦啊！」愛迪生這才如夢初醒，忙問：「什麼時候了？」「都到 12 點啦！」愛迪生大吃一驚，急忙往樓下奔去。愛迪生連自己結婚這一天也不肯放過。愛迪生活了 85 歲，僅在美國國家專利局登記過的就有 1,328 項科學發明，平均每 15 天就有一項發明。有人問愛迪生，是否同意「為科學休假 10 年。」他回答說：「科學是永無一日休息的，在已過的億萬多年間，它每分鐘都工作，並且還要如此繼續工作下去。」如果在金錢上計較一分一厘的得失，那麼在時間上更應計較一分一秒的得失。古今有成就的科學家，大都惜時如金，當天的事當天就做。

生命只有一次，而人生也不過是時間的累積。若讓今天的時光溜走，就等於毀掉人生的一頁，因此，我們應珍惜今天的一分一秒，不讓時光白白流逝。我們可能不會像愛迪生那樣把自己整個的時間都放在工作上，但我們至少應該樹立起「今天」的觀念，充分重視一天的價值。

人們做事拖延的原因可能五花八門，一些人是因為不喜歡手頭的工作；另一些人則不知道該如何下手。要養成更富效率的新習慣，首先必須找出導致做事拖延的情境。此處列舉的問題囊括了大部分起因，我們將幫你找到相對的對策：

- 如果是因為工作枯燥乏味，不喜歡工作內容，那麼就把事情授權給下屬，或雇用公司外的專職服務人員。
- 如果是因為工作量過大，任務艱巨，面臨看似沒完沒了或無法完成的任務時，那麼就將任務分成自己能處理的零散工作，並且從現在開始，一次做一點，在每天的工作任務表上做一兩件事情，直到最終完成任務。
- 如果是工作不能立竿見影取得結果或者效益，那麼就設立「微型」業績，要激勵自己去做一項幾週或幾個月都不會有結果的專案很難，但可以建立一些臨時性的成就點，以獲得你所需要的滿足感。
- 如果是工作受阻，不知從何下手，那麼可以憑主觀判斷開始工作。比如：你不知是否要將一篇報告寫成兩部分，但你可以先假定報告為一單份文件，然後馬上開始工作。如果這種方法不得當，你會很快意識到，然後再進行必要的修改。

學會利用自己的失敗

「生活總是無法擺脫失敗，失敗無所不在。任何時間、任何地點，生活的各個方面都會有失敗的可能。據統計，美國每年都有超過 10% 的公司破產。從商界巨頭到個體經營者，都經歷過失敗。」這是《達爾文經濟學》（Darwin Economics）的作者保羅．歐莫洛（Paul Ormerod）對於人類活動的總結。

其實，人類其實就是在犯錯誤的過程中進行學習的。我們從跌倒中學會了走路，如果我們從不跌倒，我們就永遠也學不會走路。富裕起來更是同樣的道理，不幸的是，大部分人不富有的主要原因就在於他們太擔心失去。勝利者是不怕失去的，但失敗者都害怕失去。失敗是成功之母，如果避開失敗，也就避開了成功。

當你要決定放棄的時候，問問自己是否真的盡力了，或者是否被恐懼 —— 再次失敗的恐懼擊倒了。多數時候失敗並不會讓人失去一切。很多人失敗後失去了信心，以為是失敗讓他們失去了信心，但其實不是的，是他們把信心輸給了失敗。失敗的確可能會讓你形象受損，但這些失去的很容易找回來，屢敗屢戰堅持直到成功的人更讓人尊敬。失敗讓你覺得之前投入的時間和精力完全是浪費，但善於吸取教訓的人同樣可以將這種經歷當做一種財富。

一個人最可悲的並不是因為經歷了失敗而恐懼、而放棄，而是因為本身害怕失敗而不敢去嘗試，因為畏懼而過早地做出了放棄的選擇。是的，他們沒有經歷失敗的痛苦，但是，更不會有成功的喜悅。所以，為了成功，不要害怕犯錯誤，不要害怕失敗，要在錯誤中修正自己，在失敗中磨練自己，真正的向著奮鬥的目標去努力，相信最後一定會獲得成功！

身為一名管理者，如果在工作或生活當中遭遇了失敗，應該如何戰勝自我，走出失敗呢？以下幾點很值得你去嘗試：

第一，不要因自己某方面不如人而自卑。每個人都有自己的特點，每個人都是獨一無二的奇蹟。尺有所短，寸有所長，不必拿自己的優點與別人的缺點作比較，也不必經常自嘆某某處總不如人，因為沒有誰可以號稱完美。人生的缺憾，最大的就是拿自己和別人相比。和高人相比使我們自卑；和俗人相比使我們下流；和庸人相比使我們驕滿。外來的比較是我們動盪不能自在的來源，也使得大部分的人都迷失了自我，障蔽了自己心靈原有的氤氳馨香。

第二，不要將別人認為對的當做人生目標。生活中有一種人，很在乎別人對他的看法，完全以別人的評價為行事準則。別人說好，他就按人家的想法和意思去做；別人說不好，他就會後悔、恐慌、自責、情緒低落、偃旗息鼓。他時時為別人的看法擔心、害怕、煩惱、痛苦，經常掩飾自己，迎合他人，不知道自己是誰。挪威大劇作家亨里克．易卜生（Henrik Johan Ibsen）有句名言說：「人的第一天職是什麼？答案很簡單：做自己。」是的，做人首先要做自己。要認清自己，掌握自己的命運，實現自己的人生價值，只有這樣，才真正算是自己的主人。

第三，不要對最熟悉的事物熟視無睹。什麼是我們最熟悉的事物？可能就是你最容易忽略的——親人、朋友、愛情、時間、工作、身體、信譽。這一切才會成就現在的你，沒有了這一切，你只是一孤家寡人，寸步難行。如果你忽略了與你最有緣的事物，那麼就等於將財富從身邊推開。只有利用好你身邊的一切資源，才可能在生活和事業的道路上一帆風順，更上一層樓。

第四，要注重當下。腳踏實地、懂得充分利用現在的人，絕不會對將來的未知生活抱太多的幻想，也不會對往日的失敗或輝煌過多地後悔留戀，他們清楚，只有珍視今天的生活，才不會使生命變得空虛，變得了無生趣。不要因為明日的海市蜃樓而踐踏今日腳下的玫瑰，使得本可以建功立業的時機，悄悄遠去。

第五，不要在自己還可以付出的時候選擇放棄。凡事都不會在決定放棄努力之前真正結束。如果你有 99% 想要成功的欲望，卻有 1% 想要放棄的念頭，這樣只能與成功無緣。拿破崙．希爾說：「在放棄所控制的地方，是不可能取得任何成就的。」輕言放棄是意志的地牢，它讓意志跑進裡面躲藏起來，並企圖在裡面隱居。只有打破思維的禁區，勇於突破和發展，才能帶來果實累累、開顏微笑一刻。

第六，承認自己不完美。世界並不完美，人生當有不足。留些遺憾，反倒可使人清醒，催人奮進。有句話叫沒有皺紋的祖母最可怕，沒有遺憾的過去無法繼續連結人生。對於每個人來講，不完美是客觀存在的，無須怨天尤人。在羨慕別人的同時，不妨想想，怎樣才能走出盲點。或善良美化；或用知識充實；或用一技之長發展……生命的可貴之處，就在於看到自己的不足之處之後，能夠坦然地「自我接受」。

第七，不要害怕冒險或遭遇危險。生命運動從本質上說就是一次探險，如果不是主動地迎接風險的挑戰，便是被動地等待風險的降臨。有限度的承擔風險，無非帶來兩種結果：成功或失敗。如果你獲得成功，你可以提升至新領域，顯然這是一種成長；就算你失敗了，你也很快可以清楚為什麼做錯了，學會以後該避免怎麼做，這也是一種成長。不僅如此，鼓勵嘗試風險的社會環境，還有助於培養個人不滿足於現狀，勇於進取的精神，也有利於提高個人對時機變動的敏銳感。一個敢冒風險的人，才有機會贏得得大的成功。

第八，不要輕易扔掉夢想。沒有夢想就沒有希望，沒有了希望就沒有了生命意義。緊緊抓住夢想，因為夢想若是死亡，生命就像折斷翅膀的鳥兒，再也不能飛翔。緊緊抓住夢想，因為夢想一旦滅亡，生活就像荒蕪的田野，雪覆冰封，萬物不再求生。夢想誰都有，但有的人的夢想能夠實現，有的人的夢想永遠都只是夢想。這裡有能力和環境條件的因素，但還有一點容易讓人忽視的原因，那就是：有些人的夢想很有力量，有些人的夢想卻很脆弱。夢想的強弱，往往決定了一個人的強弱。

第 18 堂課

真誠 —— 用心去對待身邊的人

用真誠展現領導力

人與人之間，無論是雇主關係，還是朋友關係；無論是親戚，還是顧客，相互之間都應真誠相待。那麼，我們該如何換來他人對我們的真誠呢？答案很簡單，只有七個字，那就是：用真誠換取真誠。關於真誠領導力，有人說：「只有真的聲音，才能感動每個人；必須有真的聲音，才能和每個人一起在世界上生活。」

用真誠感動每一名下屬，兩心不可以得一人，一心可得百人——真誠是領導力的真正源泉。現在都講全球領導力，那麼，在這個全球化時代，尊重與自己不同的人不僅僅意味著容忍，也跟謙卑不同。謙卑是適應能力的一部分，假如說，你認為你是屋子裡最聰明的人，你注定失敗。尊重的內涵很深，還意味著傾聽，真誠地從你身邊的每一個人身上學習。

企業主管要真誠對待下屬，在學習上，能夠放下架子，虛心向下屬請教某方面的知識；在工作上，能夠集思廣益，誠意徵求下屬的意見和建議；在生活上，能夠平易近人，主動與下屬溝通，讓員工感覺到你是在真心關心他，愉快地跟隨你工作。

如果主管對下屬不夠真誠，那麼對下屬的態度則會隨時發生變化。如果珍惜下屬員工的話，即便自己有不順心的事，也不會把這種不愉快轉移到對方身上。相反，如果沒有對下屬的愛惜之心，那麼下屬員工就會時時成為主管的出氣筒。這時我們就會發現主管兩副嘴臉背後的實質，開始了解虛偽主管的本色。

他們平時不喜歡明確表示自己的想法，總是含糊其辭模稜兩可地繞彎子說話，這樣才覺得安心。同時他們都有隱晦地向對方暗示自己意圖的惡習，有時候還單獨向人許下不負責任的空頭承諾。下屬交來計畫書，他們翻也不翻就先問：「你認為怎麼樣？」定會餐或研討會日程和場所時也是這樣。他們一邊讓下屬們選擇自己喜歡的地方，一邊隱晦地暗示自己的意圖，試探下屬們的想法。又不是在考試，明明自己心知肚明，卻來故意試探別人，這會很傷感情。下屬們當然只會隱隱感到不快，覺得自己被騙了。

主管試探的言語會讓下屬不斷地分析玩味——他們會納悶：「我們主管為什麼問那句話？他是當真的嗎？沒有別的意圖嗎？應該有點什麼意思啊……」繼而投來疑惑的眼光。這種試探繼續下去的話，下屬們就不能集中精力工作，每天揣測主管的意圖察言觀色，發掘傳聞的真相，一天天地耗費時間。於是，主管不真誠的言行在下屬心中種下了不信任的種子，使得他們對主管的任何一句話都無法從表面意思上去相信。

反觀一些卓越的領導者，卻行事坦蕩，真誠待人。當松下電器公司還是一個鄉下小工廠時，作為公司主管，松下幸之助總是親自出門推銷產品。每次在碰到殺價高手時，他總是真誠地說：我們工廠是家小工廠，炎炎夏日，工人們在熾熱的鐵板上加工製作產品。大家汗流浹背，卻依舊努力工作，好不容易才製造出了這些產品，依照正常的利潤計算方法，應該是每件 ×× 元承購。聽了這樣的話，對方總是開懷大笑，說：很多賣方在討價還價的時候，總是說出種種不同的理由。但是你說的很不一樣，句句都在情理之中。好吧，我就按你開出的價格買下來好了。松下幸之助的成功，在於真誠的說話態度。他的話充滿情感，描繪了工人勞作的艱辛、創業的艱難、勞動的不易，語言樸素、形象、生動，語氣真摯、自然，喚起了對方切膚之感和深切的同情。正是他的真誠，才換來了對方真誠的合作。可見，說話具有真情實感，能夠做到平等待人，虛懷若谷，這樣的人說的一字一句都猶如滋潤萬物的甘露，點點滴入聽者的心田。那麼，身為管理者，如何做才算真誠呢？

第一，真誠稱讚。人是有情感的高級動物，情感是人的心理過程的重要組成部分，它是人對他人和外物是否符合自己的需要所產生的內心體驗，這種內心體驗具有情境性和直接性，情感的產生則需要外界的刺激。研究發現，飽含真情實感的言語是喚起情感的一種最具神力的武器。運用真情的言語策略，可以順利促使雙方產生情感共鳴，使關係融洽，形成良好的交際氛圍；可以較快地促使雙方強化相對的感性認識，形成並鞏固某種態度傾向和觀念信仰；可以有力地推動人們將某種行為動機付諸實施，並做出積極的反應，這就為讚美的有利作用提供了科學的依據。托爾斯泰說：「真誠的稱讚不但對人的感情，而且對人的理智也有著巨大作用。」

第二，做一個勇於承擔責任的主管。組織內部的上下關係中，主管和下屬之間的關係不僅有真誠作支撐，還存在更深層次的交易關係。主管和下屬都奉行交易原則，我付出，就要有回報。如果其中一方認為從對方那裡再也得不到想要的，交易關係就會至此終止。位高權重的主管們一旦落馬，大都會感嘆世態的炎涼、人情的冷暖。因此，如果想要贏得人心，即使目前自己會蒙受損失，也要秉持真心待人的態度。

第三，領導風格。要想做真誠的主管，我們需要創造自己獨一無二的，與自己的個性和品格相符的領導風格，並且要在日常磨練這種領導風格，使之能夠有效地領導不同類型的員工，適應不同類型的環境。遺憾的是，企業的壓力推動著我們去追求標準化的風格，可如果我們遵從與自己不相符的風格，我們就無法成為真誠的主管。

第四，認真負責，精益求精。以鐵路事業來說，安全和品質離不開人，產品如品格，什麼樣的品格就有什麼樣的產品，而品格中最關鍵的是高度負責，精益求精，一絲不苟。一語道破發展的本質。反之，領導者品格不好，做人的原則和底線會輕易棄守。那麼，再好的制度、技術、措施，都會大打折扣，導致問題成堆。

第五，誠實守信。古人云：「人先信而後求能。」對一個想做成功領導者的人來說，必須做到的就是誠實守信。要知道，對他來說信用名譽就是一切。李嘉誠說過：「你必須以誠待人，別人才會以誠相報。他之所以能把一家雜貨鋪辦成資產數以千億的大集團應該就是這個原因吧！」

第六，用心靈去領導。有些主管，他們的胸懷寬廣，他們願意對員工完全敞開心扉，並且真心實意地關心員工。像沃爾瑪（Walmart）創始人山姆・沃爾頓（Samuel Moore Walton）就是如此，他們能夠點燃員工的靈魂之火，使他們取得遠遠超出任何人想像的偉大成就。也有些主管，卻好像對於任何人都沒有關懷。他們把自己與那些正在經歷生命中各種艱辛與挫折的員工隔絕開來，他們常常迴避親密的關係，即使與朋友和家人也不例外。其實，敞開心扉，對員工人生旅程中所面臨的困苦懷有體恤之情，也是你的一種人生體驗。

第七，領導者的內心真誠是團隊願意不離不棄的真正原因。一個企業的成功絕對不是一個人堅持的結果，而是一個團隊堅持的結果，那麼，如何在最困難的時候讓你的團隊不離不棄，當你的企業不能給員工足夠的物質利益時，你所能夠讓員工信賴的就是你的內心真誠和你的堅定理想。

第八，說一百遍不如行動一次。最後，要銘記一百句話不如一次的行動更能有效地傳達自己的心意。如果只是口頭上說「我真的很愛惜你這個人才」、「下屬悲傷我也悲傷」、「我有為大家犧牲的覺悟」等種種華麗的溢美之詞而不付諸行動，下屬則會感覺不到你的真誠！

用謙虛籠絡人心

謙虛的別名叫誠懇。提倡謙虛的態度，不是要埋沒成就，不敢承認，埋沒本領不敢施展，而是人無完人，要看到尚有的不足，繼續努力。

眾所周知，每種動物都有天敵，同時也成為別的動物的天敵；既有致命的弱點，又有得以生存下去的本事。動物之所以能夠與環境相適應，關鍵在於牠們自身掌握了特有的專業技能與生存之道。雞學不到老鷹抓蛇的本事，老鷹也掌握不了雞啄食螞蟻的技能。螞蟻個頭小，可能誰都可以欺負牠，但螞蟻知道逃到地底下，更懂得群體的力量，甚至可以讓「千里之堤，潰於一旦」。獅子老虎雖然厲害，但就是不能爬樹，也不會潛入水底，所以連猴子也鬥不過，而且猴子還最先進化為聰明的人類。而人類在進化大腦的同時，身體的力量是遠不及獅子老虎的。自然界如此，人類社會的生存法則也是這樣。掌握核心生存能力的人永遠是生活的強者，永遠是最有競爭力的人；而那些低水準並被同化的人，則是最容易被替換掉的，是人群中的弱者。弱者要成為強者，最好的途徑是透過學習與實踐掌握專業技能。

顯然，每一種專業技能都可能成為我們生存的財富。我們應該知道，真正的謙虛不是一味地否定自己，也不是批評或讚美別人，而是對自我有合理清醒的認知。對自己有著充分自信的人才能這樣謙虛，才能夠客觀地看到自己的缺點，對自己的優點也不會盲目誇大。當這種思想和作風成為一個企業文化不可缺少的一個方面，這個企業才能獲得真正長遠的發展。「謙，敬也。」「謙，亨，君子有終。」就是說，謙虛的美德能讓人做事一帆風順，而只有君子才能始終保持謙虛的美德。佛陀經常告誡弟子們，儘管自己智慧圓融，也應該含蓄謙虛，正如麥穗，顆粒飽滿的顯得越低，謙虛的最高境界是無我。

一個人如果能夠如此謙虛，能夠縮小自己、放大心胸、包容一切、尊重別人，別人也一定會尊重你、接納你。當然，也有這樣的情況，謙虛在某些人的道德觀中是一種個人壓抑。其實，這種人的底層並非謙虛，甚至可以說是一種矯情，一種虛偽。有些狡猾的人往往會假謙虛，不去做某些事，即使做了也沒把事情做好。這是非常不道德的。謙虛是成長的一個注解。在這變化激烈的競爭環境中，企業成立即代表著一個新的里程碑，是一個起點，企業創立之時或許在專業技術上有短暫的優勢，但企業的經營不只是靠技術而已。他必須有團隊的共同運作，要有能激發團隊奉獻的願景，要有管理的機制，更重要的是領導者要有規劃地去學習經營與管理。

一個企業是一個成就亦是一個起點，唯有保持個人及團隊的學習，企業才可以基業長青，永駐健康與發展。對一個聰明人來說，每天都是一個新的生命。謙虛使人進步，驕傲使人落後。一個人常常具有謙虛的態度，才能夠吸收新知識，然後自然會有進步。每個人都掌握了一定的學識，有過一些成功的經歷，就好比水杯中已經蓄了很多水。而當你接受新的工作和挑戰時，你能否成功，取決於你是否能倒空你杯中的水，潛下心來從頭學習、從頭做起。

現在許多企業都把空杯心態當成了企業發展的座右銘。有些企業在招收新員工時，總是對那些擁有大學或更高學歷的新人說，你們也許有比較好的背景，但在來到企業之後要先把自己杯子裡的水倒掉，本著吸收的謙虛態度來學習、做事，才能真正有所長進。

與成功零庫存和空杯心態類似，不喝可樂喝咖啡的獨特做法尤引人矚目。謙虛平和的態度也是一種力量，有時候，柔軟可能比強硬更能收服人心。管理者謙虛的對待下屬，並且想辦法把功勞歸於下屬，會受到意想不到的好處，這些好處具體表現在以下幾個方面：

第一，激勵下屬的士氣。對於自己的下屬做出的成績予以充分的肯定和恰如其分的表揚，這將對鼓舞下屬士氣，十分有效，特別是當眾表揚的話，效果更佳。

第二，注重對自己下屬的對外宣傳，贏得下屬的尊敬和人心。同是一件事，完成之後，管理者採用不同的說法，其產生的效果會迥然不同。如果用10分制來打分，說「我完成了這件事」，只能打到3分，說「我們完成了這件事」則可打到6分，但是如果說「是某人帶領部門全體人員完成了這件事」就可以打到10分了，因為他把功勞有意地都歸於下屬，從而贏得了下屬的尊敬和人心，這種投資長此下去，會使管理者本身受益匪淺，這個做法比一時的自我吹噓，文過飾非的效果更好。

第三，會為你的形象增光添彩。分享成果並不是一件勞而不獲的賠本買賣，相反你會得到更多，因為對一位只會把功勞占為己有的管理者來說，旁人或下屬對其自我表現總會感到厭煩的，時間長了，也就會更加令人討厭，從而影響到自身形象，如果在成果面前，管理者每次把「我」換成「我們」或「你們大家」，那麼這位管理者就將塑造出光輝的自我。平易近人的管理者，他們其實擁有了更為高明的管理手段，這種管理手段會得到下屬更多的尊重，讓團隊充滿凝聚力，從而讓管理者獲得來自下屬更多的支持。

做一名善於溝通的主管

要成為一位傑出的領導者，首先必須是一個善於與人溝通的人。注意，這裡講的是善於溝通的人，而不是一個健談的人，二者之間是有很大區別的。

在實際工作中，大多數領導者每天有很大一部分時間都花費在與人打交道的過程中，而工作中所產生的問題正是因為溝通不善造成的，這一矛盾凸顯了領導者集中精力成為出色的溝通者的必要性。有效的溝通是事業成功的關鍵，無論是人與人之間的溝通，還是團體內部、團體之間、組織上的或者外部層面上的溝通。儘管理解良好的溝通技巧沒有人們想的那麼難，但能夠在關鍵時刻恰當使用這些技巧卻並不總是像人們希望的那樣簡單。

根據前人總結的經驗，要成為一名出色的溝通者要具備的首要共同點是，對於所處的情境，他們有敏感的意識。最好的溝通者都是出色的傾聽者和觀察者。良好的溝通者擅長透過感知溝通對象的情緒、態度、價值觀和所關心的問題，來讀懂一個人或組織。他們不僅對所處情境很了解，而且還擁有一種非比尋常的能力，能夠絲毫不差地使他們發出的資訊符合上述情境。這些資訊與發出資訊的人一點關係也沒有，而是百分之百地滿足溝通對象的需要和期待的資訊。

那麼，如何能夠知道自己的技能已經成熟到可以成為一個優秀的溝通者呢？答案是，當你與別人互動時堅持使用以下七項原則，你就達到了這種水準：

第一，別說謊。大多數情況下，人們不會同自己不信任的人無拘束地說話。人們覺得領導者值得信任時，投入時間並承擔風險的那種樣子，在領導者擁有缺乏誠信的名聲時不存在。雖然你可以嘗試要求別人信任自己，但這很少奏效。正確的行事、思考和決策，是建立信任的最佳方式。請記住，存在信任時，人們會原諒許多事情；而沒有信任時，人們很少原諒什麼。

第二，與人親近。「人們不關心你知道多少，除非他們知道你有多在乎。」這句格言講述了一個道理，那就是作為領導者要與一般人保持一定距離。其實，如果你想繼續留在黑暗角落只知道自我陶醉的話，那麼就與人保持距離吧！如果不願意和一般人接觸，那麼你永遠不會知道他們真正在想什麼，直到為時已晚、再也無法挽回的時候。

第三，明確具體。明確具體比模稜兩可好得多，學著清晰地進行溝通。簡潔明瞭總是比撲朔迷離要好。時間這一商品在當今市場中比任何其他時候都更珍貴。如何切入正題並集中要點，以及期望別人也做到這些，這是非常關鍵的。如果不理解簡潔和清晰的價值，那麼你可能永遠沒有機會進入更細化的層面，因為人們會在你遠未細化說明之前就無視你。你的目標是去除多餘東西，讓自己的話有價值。

第四，注重自己留下了什麼，而非獲得了什麼。最好的溝通者能夠獲得自己所需的資訊，同時讓對方覺得自己從談話中獲得的比你更多。雖然這一點可以透過表現出誠意來達到，但是這並非目標。當你真正地更為關心自己的貢獻而非所得之時，你就完成了目標。即使這似乎是違反直覺，但透過強烈關心對方的需要、需求和欲望，會比專注於自己的議程，能遠遠讓你了解更多。

第五，擁有開放的心態。封閉心態是新機遇最大的限制因素。一旦領導者願意尋找那些持有異議或反對立場的人，並且不是為了說服他們改變主意，而是為了了解他們的想法，那麼，這個領導者就將自己的事業帶上了一個全新的水準。在我們身邊，無論是大環境還是小環境，人們都不喜歡反對意見。身為一個管理者，重要的並非在乎他人的看法，而是願意以開放的心態去接受這樣一些人。

第六，體會言外之意。花點時間，聯想一下那些世界頂尖級的管理者，你會發現，他們非常善於體會言外之意。他們擁有不可思議的能力，可以理解未說、未目睹和未聽到的意思。領導者的身分並不應該被視作有權增加修辭。相反，精明的領導者知道，比起掠奪話語權，坐下來傾聽遠能獲得更多。在這個即時通訊的年代，每個人都似乎急於交流自己腦中所想，而沒有意識到從別人腦中獲得一切。讓自己密切觀察，留心傾聽，閉口不言，你就會驚嘆於自己的水準或組織意識有了多大的提升。

第七，說話時知道自己在說什麼。掌握一種控制自己所說的主題技能。如果你不具備控制主題的專業技能，那麼極少人會花時間聽你說話。大多數成功人士幾乎沒興趣傾聽那些無法為某個話題增加價值的人，而迫使自己進入談話只是為了聽到自己說話。在做到之前要假裝自己已經做到的時日早已過去，而對於我認識的大多數人來說，快速和圓滑等於不可信。有一句話叫：「重要的不是你說什麼，而是如何表達」；雖然這句話中肯定有幾分真理，但這並不能改變談話內容非常重要。好的溝通者能解決資訊傳播中的「什麼」和「如何」，從而不會淪為口吐蓮花的人，給人留下形式大於內容的印象。

第 19 堂課

形象 —— 介紹自己最好的名片

用魅力管理下屬

所謂領導者形象，主要是指領導者自身修養的外在表現，它主要反映著領導者在行政過程中所形成的個性特徵、行政風格、領導方法及工作作風。所謂領導者形象，是指社會大眾對領導者的價值理念、氣質、品德、能力等方面所形成的整體形象和綜合評價。

隨著市場經濟的發展，一些企業不斷發展壯大，特別是在社會和行業中占據一定地位之後，不管自己否願意，一些企業領導人不可避免地會以某種形象出現在大眾面前，或獨特或平庸，或權威或江湖，或時尚或土氣，總而言之，企業領導人一定會呈現出一個形象來，對企業經營而言，區別只是為企業形象加分抑或減分罷了。

有位著名企業管理專家曾經把企業比作是一匹馬，馬的四條腿分別由影響企業發展的四個核心因素組成，這些因素分別是：領導力，執行力，團結向上的組織氛圍和優秀的企業文化。在這些因素當中，領導力被放在了最為重要的位置，而要實現強有力的領導力，領導者自身形象的塑造是至關重要的。領導者形象的塑造是一個系統性的工程，它需要領導者不斷認知自我，並且透過各種不同的途徑去提高自己在員工乃至於整個企業中的形象。以下就是對塑造領導者形象的幾個具體的途徑和方案。

第一，學會尊重員工。在現代企業大力宣導「以人為本」的企業文化的大背景下，尊重員工就成為了企業領導者必備的一項基本素養。尊重是相互的，主管尊重員工，員工反過來也會尊重主管，這種良性循環必然導致企業整體效率的提高，並且有利於優秀企業文化的形成。著名的馬斯洛需要層次理論（Maslow's hierarchy of needs）中，也將尊重和被尊重看作是人的一種高層次需求，所以領導者要將尊重員工看作是提升自身形象，滿足員工需求，提升企業整體凝聚力和競爭力的重要途徑。

在尊重員工方面，給我們樹立了榜樣，這一點在「公司是我家」的企業文化中就得到了充分的展現。在某公司內部，每一位員工都希望感受到來自其他成員和主管對自己的尊重，都能體會到一種家的氣息和氛圍，因此每一位員工都將自身的利益與組織目標結合在一起，隨時隨地都會從企業的長遠角度出發去處理公司的每一件事物，也正是由於這一切才使得該公司創造了一個又一個的奇蹟。所以說，尊重員工是領導者塑造和提高自身形象的一個重要途徑。

第二，充分信任下屬。如果把尊重員工看作是內涵的話，那麼信任則是這一內涵的外延。信任是領導者實施領導活動的前提和基礎，更是提高領導者自身形象的有效途徑。在現代企業的領導實務當中，領導者要想取得領導活動的成功，必須做到對下屬員工的充分信任。只有以信任為基礎，才能保證管理活動的有效展開，也只有對員工有充分的信任，才能在員工的心目中樹立良好的主管形象。

第三，多建議，少命令。身為主管，在對待下屬時，不要以為他們是下屬，就隨意的命令。實際上，人人皆有自尊心，所以不妨建議代替命令，這樣不但能避免傷害別人的自尊，而且能使其樂於改正自己的錯誤，並且在自己的心目中對主管產生了一種好感，正是這種好感很可能成為其後來為組織貢獻的強大動力。建議和命令的最大區別就是被建議或命令者對對方的看法和心態截然不同。建議是建立在一種平等的基礎上的交流方式，而命令則是建立在明顯的上下級關係的基礎上的。所以，從這一點來說如果領導者想在員工和下屬的心裡留下一個好的形象，就必須做到：多建議，少命令，使員工從內心裡接受領導者的領導。當然，少命令絕不意味著領導者不可以採取命令的方式來實現起主管的權威，一般來講，強制性的任務應多採用命令的方式，非強制性的任務則更多的採用建議的方式，只有這樣才能最終實現領導者絕對權威和相對權威的統一，也才能使領導者恩威並施的形象在員工心目中的塑造和累積。

第四，廣開言路，傾聽員工的不同意見。員工寄望於領導者的，不只是領導者對自己個人生活的關心，還希望領導者能夠廣開言路，傾聽和接納自己的意見和建議。如果領導者能善於聽取員工各方面的意見和建議，就能使員工從內心認為自己的領導者是一個虛心、平易近人、樂於納諫的好主管，這樣領導者在員工心目中的形象也就隨之上升了。所以，領導者應該注意，在制訂計畫，部署工作時，不要只是主管單方面的發號施令，而應該讓大家充分討論，發表意見。在平時，要創造一些條件，開闢一些管道，讓大家把要說的話都說出來。反之如果不給員工發表意見的機會，久而久之，他們就會感到不被重視，從而使主管的形象在員工的心目中大打折扣。當然，當你決定選擇某個下屬提出的意見時，必須切記不要傷害其他意見提出者的自尊心。否則，非但沒有達到聽取意見的效果，反而使自己的形象大損，得不償失。

第五，善待下屬，攬心有術。常言道：「士為知己者死，女為悅己者容。」善待下屬，就會使下屬產生一種「知己者」的感覺，並且有為報答”知己者”而奮勇奮鬥、努力工作的意向。如何才能善待下屬呢？首先，要把成功歸於下屬。一個領導者要時刻牢記功勞都是下屬的，沒有他們的努力自己是不會成功的。只有把功勞讓給了下屬，並充分肯定他們的成績，領導者才會得到下屬們的信任，這樣自己的形象才會得到很大的提升。若企圖奪取下屬的功勞，只會讓自己「因小利而失義」，最終自己的形象得到巨大的貶低。其次，要重視下屬。「疏遠」是使員工工作意願降低的最大原因，只有當員工認為自己得到最大重視以後，才會真正地去發揮自己的才智和水準。因此，領導者要想塑造良好的形象的話，還必須在善待下屬上下一番工夫。

第六，要勇於承擔責任。領導者也不是聖人，也經常有犯錯誤的時候，比如決策制訂的錯誤、職務安排的不妥當、任務分配的不合理等等。這些最終都可能會導致領導工作的下降，並且影響組織目標的實現。在面對這些錯誤的時候，領導者不能迴避，更不應該將責任轉嫁到下屬的頭上，而是應該主動的去承擔，方便時還應向全體下屬做公開的自我檢討。俗話說：「人非聖賢，孰能無過。」當員工看到領導者在錯誤面前的這種積極的態度的時候，看到的更多的是領導者的這種精神和表現，而忽略了領導者先前所犯的那些錯誤。所以說，領導者勇於承擔責任，能夠使領導者在不利的環境中更能獲得員工的認同和讚美。

主管形象設計技巧

一個人的事業發展成功與否，猶如建築一幢高樓大廈，需要有一個整體設計。領導者形象是領導者在人民群眾面前公開樹立的一面旗幟，尤為重要。領導者要強化自身的形象意識，在實事求是評價自己的基礎上，科學設計出自己理想的形象目標。領導者形象設計不是主觀任意的行為，而是要根據客觀環境和事業發展要求，根據新時期的時代特點，根據自己職位的層次、行業、具體職務等因素進行綜合考慮的結果。

領導者個人形象的設計既要理想、優秀，又要切實可行；既要掌握重點，又要注意全面。從領導觀的校正，領導作風的選擇，到知識結構的調整，甚至著裝、言談、儀態等都應該有所考慮。這樣設計出來的領導者個人形象才能豐滿鮮活，既有努力實現的價值，又有實踐中的可操作性。

領導者的個人形象，是領導者留給所在群體或社會的整體印象，是個體領導思想和主管行為的綜合反映，可從不同側面展現出來。由於領導者的閱歷不同，出身各異，他所表現的個性形象也就不同。明確自己的個性形象，在自己的優勢上下功夫，樹立起突出的形象來，這對擴大影響力是很有作用的。領導者個性形象鮮明，不但是領導力量的客觀表現，也是其魅力的核心部分。所以，領導者提高個性的培育意識，逐漸建立起具有自己特點的個性形象，十分必要。領導者個性形象的培養要考慮到自己的具體情況，不可強求自己很難獲得的特質。實際上，個性就是差別，差別就是創造。所以，起點要建立在自己的心理特點、生活環境和個人實踐上。同時還要注重表現形式。

成功的領導者都有自己特定的工作作風，形成鮮明的領導個性風格。有人迅速、果斷，一往無前，做事幹練俐落；有人大刀闊斧，擅長於艱難困苦的條件下開闢出新局面；有人以穩健的能力見長，穩紮穩打，做一件成一件。領導者應該有強化自己個性作風的意識，把自己的特點培育起來。突出的能力優勢，就是要求領導者發揮自己的特長，做出不同於他人的貢獻。比如處在職能職位的主管應該擅長計畫、實施與操作。我們提倡在職位要求的能力上下功夫，在具有自己特點的方向上，尋求優勢、致力成功。

下面，就介紹一下領導者在不同場合的形象設計技巧：

第一，會議場合的領導者形象設計。需要注意六個方面的內容：一是會議主持人應衣著整潔，大方莊重，精神飽滿，切忌不修邊幅，邋裡邋遢。二是走上主席臺應步伐穩健有力，行走的速度因會議的性質而定，一般來說，對快、熱烈的會議，步調應較慢。三是入席後，如果是站立主持，應雙腿併攏，腰背挺直。持稿時，右手持稿的底中部，左手五指併攏自然下垂。雙手持稿時，應與胸齊高。坐姿主持時，應身體挺直，雙臂前伸。兩手輕按於桌沿，主持過程中，切忌出現搔頭、揉眼、攔腿等不雅動作。四是主持人言談應口齒清楚，思維敏捷，簡明扼要。五是主持人應根據會議性質調節會議氣氛，或莊重，或幽默，或沉穩，或活潑。六是主持人對會場上的熟人不能打招呼，更不能寒暄閒談，會議開始前，或會議休息時間可點頭、微笑致意。

第二，發言或演講時的領導者形象設計。一是正式發言者，應衣冠整齊，走上主席臺應步態自然，剛勁有力，展現一種成竹在胸、自信自強的風度與氣質。發言時應口齒清晰，講究邏輯，簡明扼要。如果是書面發言，要時常抬頭掃視一下會場，不能低頭讀稿，旁若無人，發言完畢，應對聽眾的傾聽表示謝意。二是自由發言則較隨意，應注意，發言應講究順序和秩序，不能爭搶發言；發言應簡短，觀點應明確；與他人有分歧，應以理服人，態度平和，聽從主持人的指揮，不能只顧自己。三是如果有會議參加者對發言人提問，應禮貌作答，對不能回答的問題，應機智而禮貌地說明理由，對提問人的批評和意見應認真聽取，即使提問者的批評是錯誤的，也不應失態。

第三，領導者的媒體形象設計。在進入資訊極為發達的媒體時代後，人們發現，國家行政領域日益注重透過媒體系統、公共資訊來表達自己的公共形象。此時，領導者的一言一行、一舉一動都牽動著大眾的視覺注意，因此，作為領導者應該十分注意自己的大眾形象，應該精心設計在媒體出現時候的個人形象。

領導者培養形象不僅表現在工作中，在生活和其他活動中也有著豐富的內容。且不說管理者努力做好工作，做出成績，從而培養其形象。在工作方法、方式上也有培養形象的可能。例如：高層管理者視察工作，在視察中與工人親切交談，就顯得密切連繫群眾，平易近人。僅僅一次的親切交談是不夠的，多次強化才能在大眾心目中確立這種形象，當然，方式也可多樣化一點，不一定要去進行親切談話，這是在工作中培養形象。

事業活動中的形象展現是以工作、生活中形象的培養為基礎的。在生活中嘻嘻哈哈、玩世不恭，在事業活動中卻顯得道貌岸然、一本正經，只能使熟知內情的人感到滑稽，即使是騙不知就裡者也不可能永遠成功，因為這種形象是做做出來的，往往在內裡透著虛偽，只有在生活中、工作中的形象協調一致，其表現才能發自內心，真誠、自然。事業活動中，管理者展現形象的過程，也就是形象的培養過程。

品格是主管魅力的源泉

被譽為管理學之父的彼得·杜拉克曾說過這樣一句話：「如果管理者缺乏正直的品格，那麼，無論他多麼有知識、有才華、有成就，也會給企業造成重大損失。他破壞了企業中最寶貴的資源 —— 人，破壞組織的精神，破壞工作成就。」由此可見，正直的品格對於一個管理者而言，是一個多麼重要的必備素養！杜拉克認為正直是管理者必須具備的絕對條件，但卻不是每個人都可以做到的。正直作為一種內在的素養和涵養，必須透過個人的內向修練，透過持續的自我省察和回饋改進的方式獲得改善。沒有高尚的人格，便沒有崇高的事業；沒有高尚的人格，就沒有幸福的人生。

生活中，每個人都很注重自己的「人格魅力」，身為管理者更應如此。應不斷地為自己的人格魅力添姿著色。身為管理者就要嚴以律己，從一點一滴做起。時時關心部下，將他們的冷暖放在心上，涉及一些有關個人利益的小事不要計較得太多。對於總經理來說，沒有什麼會比贏得下屬們的擁護和愛戴更為重要的了。每個管理者都應該明白：一旦擁有了人格魅力，在無形之中就等於建立了自己的競爭優勢，如果你能給很多人留下深刻的印象，那你自然地與他人建立合作的可能性就增加了。同時，你往往能做到更有效率地來協調人際關係，影響力也就會更大，也就更容易給對方留下難以磨滅的印象了。

有人格魅力的人往往能夠在成功的道路上暢通無阻。所以，培養你的人格魅力，使自己成為有人格魅力的人是你走向成功的重要基礎。這就叫「人格魅力資本」。一個才華橫溢的人可能讓你折服，你也可能會被一個妙語如珠的人所傾倒，你更可能對一個性情溫和、充滿寬容與友愛之心的人留下深刻的印象。所以，構成一個人人格魅力的最核心因素往往不僅僅是天賦予才華，更重要的是一個人的人格、一個人的個性。一談到人格或者個性，往往會使很多人感到失望，因為他們認為個性或人格是天生就有的，是很難改變的東西，所以要透過個性的培養成為一個有人格魅力的人雖然困難。但不是沒有可能。

如果我們能夠以積極的心態去面對這個問題，就不會認為這一切是不可改變的了。如果你朝著改變自我的方向上不懈努力，你將終究會成功的。

如果我們能去改變已經形成的人格，就能夠創造出新的個性。但大部分人的想法，主要是不想改變自己那種與生俱來的天性。人人都希望自己成為一個精力充沛、充滿理想、信心十足的人，都想成為極富人格魅力的人。但卻很少有人真正地在這個方面進行努力，因為人們常常好滿足於現狀，一遇到改善自我的新想法時，就會毫無意識地自我保護起來。很多人都想學習有人格魅力的個性、都想成為思想豐富的人，但他們又往往採用舊的習慣而不願有所改變。這是因為已有的人格往往根深蒂固，積習難除。正如威廉·詹姆士（William James）所說：「人希望自己所處的狀況更好，卻不想去實現。因為，他們被舊我束縛著。」

生活中有很多人希望並有勇氣去改變自己的個性，讓自己做一個有魅力的人，但他們不知道從何做起。通常情況下，每個人的個性都是一點一點形成的。每個人的個性都是由一個個細小的方面構成：怎樣說話，怎樣對待他人，在飲食、睡眠方面有哪些習慣，如何對待不同的意見，喜歡什麼樣的生活方式，在商業行為中習慣扮演什麼樣的角色，是否總是露出微笑等，這一切的綜合就構成了你豐富的個性。既然你的個性是由若干個細小的方面決定的，那麼如果要改變的話，也要從每個具體的方面開始。

如果從明天開始，能使自己的說話方式變得更溫和，使自己的飲食更有節制，使自己對別人更有熱情，並且持之以恆，那麼原來的個性就會逐漸地被消磨掉，而更具人格魅力的新個性就會形成。

思想、行動、感情構成了人格的三大基石。所以若想要從具體的行為來改變你的個性，還要在思想、行動與感情方面進行努力：你的外在表現，也就是你人格的特徵，不是由當時當地的環境決定的，而是由你的內在的思想創造出來的。能否改變自己，主要不是由於別人是否對你進行了批評，而是自己本身是否想改變自己。所以說是你的思想決定了你的行動，使你成為現在這種個性。仔細想想，是不是由自己的主觀想像就會改變自己的人格呢？有的人為什麼不受人歡迎呢？首先想法就不被人所接受。為什麼有的人會人格魅力四射呢？首先是他的想法，其次才是其他條件的配合，使他引起了人們的普遍關心。把自己變成一個有人格魅力的人，就要從自我的想法改起，只有這樣，才會被人所接受，也就真正有了人格魅力。

別人又怎樣評價我們的人格魅力呢？他只有透過你的行動——你的說話方式、你的做事方式、你的臉部表情才能給他一個評判，才能使他們心中形成一個印象。行動是造就你人格魅力的關鍵，因為只有透過行動才能改善自身。透過很多小的行動、透過人格的訓練、透過對自我行為的反思與調整，就可以創造新的自我，使自己變得更富有人格魅力。

什麼是人格魅力？人格魅力就是別人對你的看法，他們透過你的外在表現、行動與思想，對你產生了喜歡以至某種帶有神祕色彩的感情，所以人格魅力本身是一種感情。而別人對你的感情是與你對他們的感情高度相關的。如果你的感情特徵是積極的、友善的、溫和的、寬容的，那麼你的人格魅力就會大增；反之你就會成為一個不受歡迎的人。所以感情也影響了人格的很大部分。

第 20 堂課

授權 —— 把事交給合適的人去做

大權要握好，小權要下放

在管理過程中，中層管理者常會碰到這樣的問題：一些主管的工作十分繁重，授權吧，不放心，怕出問題；不授權吧，自己累死不說，還會被員工說風涼話！其實，公司要做大、做強，老闆必須學會放權、授權，也一定要放權、授權。沒有這樣胸懷和境界的老闆，只能開一個作坊店。

公司主管要做好放權和授權的工作，必須有一個前提。這就是：對被授權的人和事能夠完全掌控，或者有一個健全的約束制度。否則，這樣的授權不但不能給公司帶來效益的提升，反而會給公司帶來傷害，授權的力度越大，傷害越大。因此，每一個公司老闆，在給下屬放權、授權前，應該根據被授權人的道德素養和業務水準，給予相對的放權、授權。

任何一個公司或一個部門，在其發展過程中，多不可避免地會面臨放權的問題。放權開始時，放權者首先遇到的困難是能否克服自身的障礙。很多權力集中在自己手中，忙得一塌糊塗，還耽誤了很多事情。問他們原因，並非是不想放權 —— 當然也有許多貪權者 —— 而常常是「找不到稱職的人」。

在企業的發展過程中，我們常常面臨許多新問題，很難找到「稱職」的人就是其中之一，在下放權利的時候，我們不應該只看是否有「稱職」的候選人，而應看你的部下是否具有潛力和基礎成為「稱職」的責任承擔者。另外，還應該意識到，放權，必然意味著自己直接掌握的權力的減少，至少在開始時通常是這樣。而且你會發現在某些場合，你由主角變成了配角，更糟的是主角竟然是你的部下！學會在適當的場合做你部下的配角，是你決定放權之前必須進行的一項心理訓練。

在放權的過程中，你可能會遇到這樣的問題。比如一些部下出於各種客觀的和主觀的原因，向你反映真實的或虛構的問題。接受權力的部下，表現也未必讓你滿意，可能還經常惹出些你親自管理時完全可以避免的麻煩。面對放權引起的這些麻煩，你如何面對？如果繼續向前，你該做些什麼來改變這個狀況？

如果遇到這種問題，倒退顯然是不可取的，必須要正視眼前的困難。

首先，你要替你的部下承擔責任或不好的後果，而不是開倒車。如果將責任和權力從一開始就同時下放的話，而你的部下又是第一次面對這麼大的責任，他很難用一個比較平靜的心態來適應新的工作。如果你願意替他承擔（哪怕是一部分）責任的話，他可能會更有信心去面對新的挑戰，也會更快地完成從不「稱職」到「稱職」的轉變。其次，對於你選擇的部下，你要用全面和發展的眼光來評價他。沒有權力的時候，他的一些弱點可能沒有機會暴露在大庭廣眾之下，現在都被壓出來了，一覽無遺。但你不應因此懷疑他的能力和你的眼光。多一點寬容和理解，要做到這一點當然不容易，因為他壞了你的事。可誰讓你是他的上級而又放權給他的呢？除了權力，再給他一些時間，給他多一點全方位的指導（從業務，到心理乃至文化），給他及時的建設性的批評和建議。過一段時間後，用一句俗話來講，他可能會「給你一個驚喜」。

如果你的其他部下不理解你的做法（也許實際上是不服氣），自然在工作中會有一些言語和行動上的反應，那你還要想辦法幫助接受權力的部下建立威信，成功的放權，不是放羊，更不是一個簡單的推卸轉移責任的過程，不是將你不知道該如何做的事情連同責任和風險簡單地推給你的部下。

放權，需要你有一點境界主動為公司的發展，多承擔一些風險和責任；主動為部下的發展，用自己的信譽和能力，替他們撐起一個允許他們犯錯誤的空間。放權，是一個企業發展的必經之路，是企業管理人才培養的基本方式，也是企業員工，特別是管理層，建立共同遠景的一個有效手段。

怎樣才能讓員工知道主管對他們高度信任，同時能夠接受這種方式管理？以下幾點很值得嘗試：一是明確的政策。只有當員工清楚地知道主管的意圖以及各自的職位職責時，放權才能發揮作用，即允許員工根據實際情況做出正確處理。二是良好的溝通。只有上下級之間溝通管道暢通，才能使員工充分發揮潛能，做出良好表現。三是盡量少干預。在信任的基礎上，放手讓員工自己決定事情，前提是必須明確管理層確定的目標和任務。四是不斷探求。放權一定要長期保持，不能隨著時間的流逝和管理上的變化而逐漸淡化，讓員工自主做事的管理手段不能朝令夕改，要透過回饋不斷尋找更好的經營方式。五是發揮潛力員工。獲得了放權，可以很好地完成任務，從而顯示出他們出色完成任務的能力，對企業及員工的發展都有極大的幫助。授權時一定要保持一種平衡。合理的、適度的放權，是管理者所擁有的一種潛在的「管理武器」，正確運用這種觀念和方法，會使管理者獲得事半功倍的效果，同時也能激勵員工更加努力地工作。

給下屬自由發揮的機會

日本索尼公司的名譽董事長盛田昭夫曾經說過：「公司的成功之道不是理論，不是計畫，也不是政府政策，而是人，只有人才會使企業獲得成功。因此，衡量一個主管的才能應該看他是否能得力地組織大量人員，看他或者她如何最有效地發揮每一個人的能力，並且使他們齊心協力，協調一致。」可以這樣說，在公司發展的任何階段，身為主管，都需要身先士卒，帶領下屬共同奮鬥，而在這其中，主管的領導方法和領導藝術將達到很大的促進作用。

很多人就是不放心自己的下屬，所以才造成了下屬沒有成效的工作。有時候，給下屬留下一點發揮空間，有助於他們了解自身的發展特點，能更有活力地工作。在職場中有種浪費，就是把下屬擺錯位子，讓原本能高漲發揮的下屬做不擅長或者不喜歡做的事，造成了工作效率的浪費。這種浪費就是主管不注重讓下屬有發揮空間，沒有注意挖掘他們的潛力，所以工作效率一直沒有提高。更有甚者，在長期不適合自己工作的專案上容易造成疲勞和壓力，從而萌生了「換環境換工作」的可怕念頭。這樣就在無形之中，把自己的團隊人才給「趕」出去了，成為空架子司令，沒有士兵為前途打拚。所以，別輕視那點發揮空間，讓下屬擁有，才能挖掘他們的潛力，才能更好地為工作服務，這樣又何樂而不為呢？

那麼，要讓員工充分發揮自己的潛力。管理者者該做些什麼呢？不妨從以下幾個方面去嘗試：

第一，營造一個寬鬆的環境。在一個公司中，和諧寬鬆的工作環境決定著員工的心情。良好的物質環境當然重要，軟環境也同樣重要，而主管就是軟環境的建設者和維護者。這就需要我們的主管在平常工作中注意以下問題：首先希望別人怎樣對待自己就那樣對待別人。管理中的金科玉律就是：「你願意別人怎樣對待你，你也應該那樣去對待別人。」使下屬感到他們很重要。首先要傾聽他們的意見，讓他們知道你尊重他們的想法；其次要向他們授權，不授權會毀掉人們的自尊心；最後，應該用語言和行動明確表明你讚賞他們。把聽意見當作頭等重要的事來抓，聰明的管理者是多聽少說的人。在批評時，還要講究策略，否則就有可能出現適得其反的結果。這裡應該注意的是：絕不當眾批評人；批評的目的是指出錯在哪裡，而不是要指出錯者是誰；要創造出一種易於交換意見的氣氛，既要十分親熱，又不能損害自己的監督作用。再有是給別人以熱情。一帆風順時保持熱情並不難，但是在逆境中要保持熱情卻不太容易，這時，必須強迫自己保持熱情並使之影響到其他人的熱情。敞開辦公室的門：一是使來訪者對公司有個好印象，二是為公司內部人員提供增進了解與彼此合作的機會，好主管應該是團體的一員。

創造一種使部下熱愛本職工作的環境。實現這個目標必須創造一種使自己部下感到自由和無拘無束的氣氛，因為人們在心情十分壓抑的情況下不可能做出最佳成績。另一個方法是，區別對待每一個人，分配他們去做自己有興趣的工作。

第二，保持親密並用之所長。現代辦公室好比一個大家庭，蘊含著所有的和諧與不和諧。因此，主管與員工的關係至關重要。身為主管，你要使員工感到既安全又獨立，既得到信任又不感覺壓抑，這就需要主管能夠與員工保持比較親密的連繫，以使他們覺得你平易近人，有什麼事情都可以找你幫忙。如果主管能夠在日常工作中注重這些，員工們會自覺地在工作上報之以李。因此，主管在用人的時候，要首先把著眼點放在人的長處上，弄清這個人有什麼長處，如何用他的長處。主管當然也要看到人的短處，要設法幫助克服，設法不讓短處對群體和他人發生影響，避免損害組織的績效。

但這必須是在發揮長處的前提下來克服短處，不能本末倒置。事實證明，人的長處得到發揮了，他也就樂於接受批評，克服短處。

第三，建設一個優秀的團隊。現在許多主管都深刻感覺到，由於企業組織正在向團隊方向發展，所以他們必須學會授權賦能。一個優秀團隊的建設剛開始時，主管不得不花很多時間和精力來明確團隊目標、員工的角色和責任。此後不久，主管需要花 40% ～ 60% 的時間來培訓員工去做你以前做的工作。在這一成長階段，可以讓團隊成員盡可能多地承擔一些不會引起太大後果的任務。當團隊適應了新的職責後，幫助他們掃除障礙並提供各種所需資源。

這一階段需要注意以下方面：要堅持不懈，在變革過程中，幾乎所有團隊主管都經歷過至少一次的失望，接著，就會出現一個新的突破：樹立責任感，當團隊自始至終地負責一項任務時，他們會非常熱心地對待這項任務。在這一階段，你的團隊需要你的幫助。因此，要不斷為他們提供回饋，給予適當的指導。團隊經過一段時間運作以後，他們能夠很好地合作，並使業績保持在一個穩定的水準上。在這一階段，為避免滋生鬆懈或自滿情緒，你需要經常提醒他們團隊的目標並幫助他們認清新的任務和挑戰，並不斷激勵團隊進步，為團隊的壯大和發展提供原動力。

第四，根據下屬特點區別對待。美國心理學家菲德烈・赫茲伯格（Frederick Herzberg）把人的需要分成兩種因素，薪資、待遇和工作環境等叫保障因素，成長、成就等叫激勵因素。不同的人追求不同，因而對這兩種因素的需要也不同，在事業上追求激勵因素的人我們稱為主動型的人；追求保健因素的人我們稱為被動型的人。主動型的人一般具有較高的追求和奉獻精神，他們的主動意識強，往往表現出開拓精神來。對他們之中能力強的，我們應該以授權方式為主，交給他們富有挑戰性和開拓性的工作。對他們之中能力弱的人，我們應該盡可能為他們提供提高水準的條件，交給他們有掌握完成的工作，逐漸提高能力。

被動型的這部分人比較注重工作條件和人際環境，他們表現出來的往往是責任心，而不是進取心。對他們其中能力強的，最好是叫他做某一領域、某一方面的工作，或是技術性較強的工作。對其中能力較弱的人，分配給他們較為專一的工作則比較合適。對個性突出，缺點、弱點明顯的能人我們一是用其長。長處顯示出來了，弱點便被克制，也容易得到克服。

對有很強能力的人採取多調幾個職位的辦法，既能夠讓他們發揮多方面的作用，又可以調動他們樂於貢獻、多出成績的積極性。對被壓住了的能人一個是先把他們調出去，給他們顯示自己本領的機會，也給他們從另外角度審視自己的空間。

授權時要注意細節

如何在激烈的市場競爭中立於不敗之地，是每個企業面臨的重大課題。企業只有注意管理細節，在每一個細節上下足功夫，才能讓員工提高工作效率。

在某種程度上講，管理就是恰當分配。面對各個工作細節，各種不同類型的人，如何分配工作？怎樣分配工作既讓員工信服，又不失魅力呢？分派工作就是把工作分別託付給其他人去做。並不是把一些令人不快的工作指派給別人去做，而是下放一些權力，讓別人來做些決定。

人事心理學認為，每一種工作都有一個能力要求值，即每件工作都需恰如其分的某種智力水準。只有這樣才能使工作效率充分地發揮出來，也可避免人才浪費。因此，要按照每一位員工各自不同的才能和資質分配不同的工作。

對工作類型和工作方式，每個人都有個人的需求和喜好，這些喜好可以是環境方面的、任務方面的，也可以是關係方面的。比如醫生大多建議人們與他人共同工作，但是也有些人更願意獨立工作，也許與他人很少或根本沒有接觸，會讓他的工作更出色。盡量讓任務及完成任務的方式符合個人喜好，如果不能使某項工作符合下屬的需求和需要，就要考慮把該下屬換到其他類型的工作上。

下屬與工作搭配得越好，業績也就越好。每個人都有獨特的知識、技能、能力、態度和才能，每個優秀的下屬都是一個特殊的組合，為了最充分地利用這些資源，要允許下屬按自己的喜好改變工作方式。在設計或重新設計一項工作時，要考慮正在此職位上工作的下屬，應該充分利用該下屬的長處，以最有效的方式分職責。

透過分配不同的任務給團隊成員，能夠大大提高生產力和下屬的滿意程度，他們對任務安排方式，尤其是安排給自己的任務越發滿意，就越有可能留下來。一個可由單人完成的工作，如果是由兩人或多人合作來完成，可以帶來更多的樂趣，而且完成得更迅速，更有效率，而更有效工作環境應該在空間上、職責上和心理上有利於下屬共同合作，如果不是，則應做適當的調整以利於團隊工作模式。

安德魯·卡內基就是一個分配工作的高手，他本人對鋼鐵的製造，鋼鐵生產的工藝流程，用他自己的話說知之甚少。但他手下有 300 名精兵強將在這方面都比他懂，而他僅僅只是善於把不同的工作合理分配給具有不同專長的員工來完成。這樣，由於他知人善任，分配工作內行，也就籠絡了許多比自己能力強的人聚集在他周圍，為他效命。最終，卡內基獲得了事業的成功，登上了美國鋼鐵大王的寶座。

在你分配一件工作之前，你應該分析一下你自己的工作擔子有多重；分析一下你部門裡可以利用的資源（人力、物力）有多少；分析一下你所有的可能做的選擇。挑出那些你直覺上感覺不錯的，邏輯也行得通的選擇來做，而且，當一項工作完成了之後找出結果來，於是，工作分配的準備工作就做好了，接著就要運用一些原理方法來指導你進行工作。

如按你所希望的結果為基礎分派工作，並告知員工工作的程序及步驟，讓他們了解，什麼是必須做的，而又應該如何做。同時，要給予充分的資訊和資料。還要制定工作評估的標準。作為員工，他需要了解你對成功地完成一件工作的標準是什麼，只有這樣，才能更好地完成工作任務。一般來說，人們喜歡做那些自己做得好的事情，而不喜歡做那些令人遭受挫折或者掌握起來有困難的事情。發現員工們不喜歡做哪事情，就會知道他們缺乏哪些技能。從而妥善的安排工作。很多工作，一個人能做，另外的人也能做，只是做出來的效果不一樣，往往是一些細節上的人員安排，決定著完成的品質。

有些管理者認為自己很擅長委派工作，他們將所有日常工作和責任一股腦的委派給了下屬。這樣的做法更能讓管理者而不是讓團隊感到高興。有效的工作委派能夠提高老闆和團隊的業績，但是它需要勇氣，紀律和自我意識的支持。管理者在進行委派工作時，需要注意以下幾個細節：

第一，了解你的價值。如果你的工作內容與之前的職位一樣，你就不應該得到提拔，也不要自降身分。即使你認為你能比員工做得更好，你也沒有給團隊增加價值。

第二，要清楚的表達你所要的結果。要清楚的說明你所期待的工作結果以及工作完成的時間。即使你不得不再三向團隊強調，也一定要這樣去做。如果有任何模糊不清的地方，你的意思都會被錯誤的理解。不要責怪工作團隊，要受到責怪的是你自己：你的隊伍不是心理專家，他們不懂讀心術。清楚的表達能夠避免重做和衝突，避免以後士氣和信心的低落。

第三，懂得放手。不要五分鐘就檢查一次隊伍的工作情況。給團隊一些信任，如果他們有什麼長處他們一定會表現出來。你需要的是例行的溝通，但是如果彙報太多，你會讓團隊把時間全部用來準備彙報，而沒有時間進行實際的工作。

第四，給隊伍施加壓力。有壓力是件好事，它讓人們體會成就感，發現全新的具有創造性的做事方法以及發展新的技巧。雖然壓力是好事，但精神負擔並不是好事。二者區別在於對壓力的控制，只要讓團隊覺得一切皆在掌握之中，他們所感覺到的就是壓力而非精神負擔。合理的工作分配能使他們掌控工作而避免精神壓力。如果團隊超負荷運轉你會知道的 —— 他們會向你抱怨。

第五，永遠不要推託責任。除非你想要一個只是表面上看起來還不錯，實際上團隊們勾心鬥角，整個功能失調的團隊。你可以下放權力，但是不能下放責任，你終歸要為整個團隊的工作成果負責。

第六，下放讚揚。這樣做可以鞏固你自己的地位，因為這樣能為你帶來忠誠、信賴和尊重。這樣還能讓你的老闆和同事們看到你是一位精明和高效的老闆。透過下放讚揚你也為自己吸引了溢美之詞。

第 21 堂課

納諫 —— 借別人的智慧做自己事

鼓勵員工為企業獻計獻策

心理學研究發現，如果一個團隊領導者能夠充分發揚民主，給予下屬參與決策和管理的機會，那麼這個公司的生產、工作和群眾情緒，內部團結都能處於最佳狀態。員工參與的程度越高，越有利於調動他們的工作積極性。

員工參與能使員工與企業管理者以平等的地位來研究和討論群組織的重大問題，他們可以感到上級主管的信任，從而體驗出自己的利益與組織發展密切相關而產生強烈的責任感；同時，參與管理為員工提供了一個取得別人重視的機會，從而給人一種成就感。因而，管理者應該為員工參與管理提供一切方便，創造有利條件，充分發揮員工的主觀能動性，開展合理化建議和自主管理活動，調動員工的積極性。參與激勵是企業員工激勵的基本形式。其目的是提高員工的主人翁意識。

如果一個公司的員工都按一個人的命令去行事，即使公司再大，人才再多，也不會有太多發展。當公司或商店的規模隨著歲月越變越大時，其組織就會像政府機關一樣，日漸趨於僵直硬化。因此，在不知不覺中就會有些不成文的陋習出現。比如：一般基層員工有事要先向組長報告，而不敢直接去找主管；組長就要先找主管，不能直接找助理；助理要先找分管經理，不能直接找總經理。像這樣就很難發揮個人的獨立自主性，連帶著也使公司無法再做進一步發展。因此要想辦法來防止這種現象。具體地說，就是要製造員工能直接向經理表達意見的風氣，尤其是身為主管的人更有責任去製造及保持這種風氣。一般的基層員工越過組長、主管、助理直接向經理報告，絕不會有損主管或助理的權威。

如果主管不具備這種胸懷，反而會使一般員工有所顧慮，這時候就是趨於僵直硬化的開始。下屬的意見或許沒多大的價值，但其中一定也會有主管沒想到的構思，這就要特別加以注意，並且彈性地決定採用與否。如果只是固執地相信只有自己的方針才是對的，那就無法步出自己狹窄的見解範圍。唯有把下屬的智慧當作自己的智慧，才能有新的構想，這是主管的職責，也是使公司、企業發展的要素。還有，對於員工的提案，並不是要完全沒有錯誤才採用，而是要多少採用一點。這種不完全摒棄的接納態度，才能使員工勇於提出新的提案。如果員工都是「遵照命令列事」，就算擁有再多的人才，公司也不會有發展。公司再大，人才再多，若沒有讓年輕人自由發表意見、自主工作的機會，是無法做強的。

那麼，管理者該採用哪些辦法鼓勵員工多提建議呢？

第一，以借用智慧、充滿感謝的心情傾聽部屬的建議。為了公司，提案制度有存在的必要。對員工們的意見，不只是一味的「聽聽」而已，為了克服公司在業務方面的弱點，除了克服障礙及產生新構想外，必須有「借用部屬智慧」的制度及認知。假如有這種「借用智慧」制度存在的話，部屬們自然會為公司貢獻智慧。不論什麼樣的提案，只要提出來的話主管就心存感謝，部屬就會爭相獻智。

第二，鼓勵日常中的提案。有了這樣的心情之後，假如一切都交給提案制度，照樣不會產生好提案。最重要的，是鼓勵部屬在日常生活中，對主管的意見、質問、異議、疑問等提出自己的意見和見解。實際上這些都可能是很棒的提案。身為主管應該積極鼓勵，大力扶持這種行為。

第三，給予一定空間或研究的場所。有家加工企業在每個工廠都設置一個創作室，裡面放置著球盤、旋盤、研磨機、熔接機等機器，每一位員工都可利用閒暇的時間自由使用。只要是休息時間或下班以後都可以完全自由分解機器，重新組合。正因為如此，該公司內部的提案數量相當多，而且在質的方面也都相當優異，但是一般公司都因為定了太多的諸如不准碰機器、不准弄壞等繁瑣的規定，員工自然而然就退縮，而失去對機器或工作關心的心情。這種公司產生不出好的提案來也是很正常的事。因此，給予員工空間或研究的場所，對促進提案是非常重要的。

第四，對不平、不滿也要表示歡迎。不要使下屬壓抑任何的不平或不滿，必須充分重視他們的意見。從員工的疲倦及對工作的倦怠等各種申訴中，可以了解到作業改善及注意安全性的重點。假如有這種態度，根本不需特意提高士氣，到處都可找到改善方向的動力。

第五，對提出來的意見要馬上有所反應。例如：員工們若有「這裡希望能這麼做」、「這種事即使告訴主管也沒用，反正他是不會管的」這樣的心理，一定是因為主管平日的態度所引起的。對任何事情都要有馬上處理或下結論的能力，對主管來說是很重要的。如果身為主管卻怠慢了這種努力或責任，不僅提案，就連下屬們的希望、意見也不會產生，也就無法使組織達到充滿活力了。

認真聽取下屬的抱怨

俗話說：「一人難滿百人意。」管理者在管理活動中，即使做得再好，也會有一些下屬不滿意，也往往被抱怨這、被埋怨那。面對下屬的抱怨，管理者應該如何對待？這不僅是檢驗管理者處事能力和水準的一個重要方面，同時對進一步改進工作方法、充分調動下屬的積極性、提高下屬的工作效率，都具有十分重要的意義。

員工內心裡總有許多苦衷，希望能說給管理者聽，但一般來說，大多數員工的苦衷都憋在心中，忍久了，有時可能會忘掉這些不愉快，但也有時越積越多就會爆發出來。有很多人都曾這樣說過：「因為薪水過低，我不做了。」實際上，這僅僅是表面的藉口而已，其實，他的心中已潛伏了許多的不滿。

被下屬抱怨也許是一件很正常的事，因為一個管理者往往要管理很多下屬，不可能面面俱到，一時疏忽，就難免會招致來自下屬的抱怨。怎樣處理這些抱怨呢？

如果你處在一個負責管理或者執行的位置，你可能認為你沒有必要去聽雇員的抱怨，你會認為自己工作多得忙不過來：要考慮降低成本，要完成定額還想能趟過期限，要提高生產效率，提高產品品質，還要參加沒完沒了的會議。不僅如此，你還會說公司有專門管生產的經理，有專門處理個人問題的人事部門，還有雇員顧問，人們可以去找他們解決有關薪資、工作條件等各方面的問題。這種想法是錯誤的。聽取一個雇員的抱怨和訴苦是居於主管位置的每位管理者的義不容辭的責任，也可以說是最重要的責任。

善待那些頂撞你的人

主管與下屬之間，多數情況是融洽和諧的，但也不乏頂撞現象的發生，其場面往往令人尷尬，雙方唇槍舌劍，互相指責，這種現象輕則引起群眾議論，影響主管的威信，重則招來滿城風雨，使主管難以開展工作。

發生頂撞的原因可能是多方面的，應該進行具體分析，但從主管方面檢查，多與對矛盾處理失當有關。

頂撞一旦發生，管理者該怎麼辦呢？首先應該按住火氣，不要以權壓人，大放厥詞。頂撞發生之後，管理者的當務之急，是要迅速查明原因，以便對症下藥。然後根據不同情況、不同對象，採取不同的方法進行處理。

第一，當下屬不能領會意圖時。作為下屬應該按主管意圖說話做事，而且應該在透徹地了解和準確地掌握主管意圖上下功夫，因為主管的意圖有時是隱藏在報告、閒談當中，不是每一個下屬都可以一目了然的。然而，就有一些粗心大意或悟性較低的下屬，他們習慣於按自己的思維方式來說話做事，全不用心體會主管的所思、所想和所要達到的目標，因而往往不能把主管的意圖貫徹到實際工作中去，有時甚至違背主管意圖說話做事，造成不應有的損失。在這種情況下，主管對下屬任何的指責和批評都是無濟於事的。下屬不能領會主管意圖，主管也有責任，不能全怪下屬。因此，要把功夫用在平時，要做到多與下屬交談，多交換意見。只有多交換意見和看法，下屬才能逐漸領會主管的意圖。

第二，當下屬某些方面不如自己時。下屬某一方面或某幾方面不如主管，這和主管某一方面或某幾方面不如下屬一樣是很正常的。因此，不能以自己的好惡來要求下屬，特別是不能因為下屬某一方面或某幾方面不如自己而看不起下屬，或者以愛好劃線，把下屬分為幾類幾派。如果那樣做，到頭來真正吃苦頭的是自己。再比如：主管擅長文學寫作，而某一下屬這方面洽恰是個弱項，這時身為主管就不能「以己之長，揭人之短」，給下屬出難題。如果你要求下屬十全十美，這就非常可笑了。因為任何一個人包括你本身都不可能完美無缺。

第三，當下屬誤解自己時要有氣量。下屬誤解主管，大多是因為情況不明或主管未說清事情的原委。因此，當下屬誤解主管並產生對立情緒時，主管要因勢利導，主動找其談心，講清情況，消除誤解。特別是關係到下屬切身利益，比如待遇、休假、獎勵等問題時，下屬站在自身的角度思考問題，一時誤解主管這是常有的事。身為主管，不能與下屬一般見識，更不能與下屬賭氣，好像主動找下屬交談就是理虧，就是沒面子。在這方面，主管越是有氣量，則下屬就越發敬重你，上下級之間的感情也會與日俱增。

第四，當下屬頂撞自己時。應該說，任何一個主管在受到下屬頂撞時都不會無動於衷。尤其是當下屬的頂撞伴隨諷刺、挖苦和嘲弄時，主管的反感和「反擊」情緒會油然而生。有的甚至會大發雷霆，與下屬唇槍舌劍，鬧得不可開交。身為主管一定要完完全全地避免與下屬正面衝突。因此，從主管的角度看，當下屬頂撞自己時，一是要保持冷靜，不要使用過火的言詞刺激下屬，造成火上澆油。二是不要與下屬爭高低。當受到下屬頂撞時，如果你非要分出誰是誰非，就有可能使爭吵升級，最終難以收場。三是對頂撞自己的下屬不要記仇。一般來說，下屬頂撞主管是不好的，不可取的。縱然主管有許多的不足，也不能採取「唱反調」的做法。因此，對頂撞自己尤其是頂撞得毫無道理的下屬，要寬宏大量，不要往心裡去。可以在事後一個適當的時候與其進行談心。

第五，當下屬批評自己時。一般來說，下屬能夠坦誠批評主管，這本身說明下屬出以公心，以事業為重。因此，主管對於下屬的批評一定要持歡迎的態度，都應耐心傾聽，聞過則喜，並做到不打斷下屬的話，讓其毫無保留地把批評意見講完；不中途作解釋，從而迫使下屬「說半句留半句」；不表露不高興或反感的情緒，使下屬放心大膽地暢所欲言。對來自下屬的批評意見，既要聽得進，還要慎重對待，這也是有氣量的表現。因此，對下屬正確的批評意見應認真反思，積極改正，切不可當面表示歡迎，背後給下屬刁難。對下屬不正確或片面的批評意見，應該加以分析，本著有則改之，無則加勉的態度區別對待。

第 22 堂課

榜樣 —— 成功的人總易被關心

激勵員工成為榜樣

在企業裡，管理者獎勵員工是十分常見也十分必要。因為這種獎勵能夠激發企業成員為實現企業的發展目標而奮鬥。企業發展目標是企業各方面工作的出發點和依據，企業目標的實現，離不開經理人及全體成員的共同努力。身為管理者的主要任務就是根據不同的人的需要，採用生動、豐富並適合其需要的激勵措施來激勵他們，使大家都明確企業發展目標及其相對的規劃、組織、指導和調控措施，直至達到目的。如何激勵優秀員工呢？

首先是晉升。加官進祿是古今延續了幾千年的傳統方式，之所以延續了數千年，自然有其存在的必然性和合理性。現代企業管理中，晉升員工仍然是激勵員工的重要手段，所不同是，管理者晉升員工時又增加了許多新的內容。現代在晉升員工時，管理者要注意以下幾方面的問題。

一是在同一個部門晉升員工的職務。需要注意以下幾個問題。首先，若只是增加新的職責，要考慮員工是否存在潛能？是否需要新的工作技能訓練？新的職責是否是原來的相互制約職責？一般來說，給員工增加新的職責，在人事結構上就要給員工晉升，如從三級科員晉升到二級科員。其次，不僅給員工增加了新的職責，而且在橫向工作流程上擴大了員工管理許可權。那麼要考慮員工對新授權管理的責任職位職責是否有控制力？他與上級之間是否存在權力與責任交叉？他與上級的能力是否可以匹配？一般來說，在一個部門內，將優秀員工晉升到副主管職位，採用這種方式。再者，在部門組織結構中，縱向晉升員工職務，一定要考慮員工在同級管理者中的管理權威如何？若在同級管理者中沒有權威，組織決定因為晉升了一位員工而會造成其他同級管理者產生心理波動，而且還不一定會支援這位新晉職的管理者工作。

二是晉升員工到決策管理層。首先，要從組織決策力與領導力方面優先考慮，組織決策力是在財務、市場管理、生產管理、技術開發管理哪方面最欠缺？組織領導力是在使命領導力、責任領導力、能力領導力哪方面最欠缺？這位員工晉升加入決策管理隊伍，他是否可以彌補組織決策層在這兩方面的欠缺。其次，良好的決策源自於對組織成員資訊通道的良性管理。不良的決策常常是組織資訊管理通道不良的結果。因此，晉升員工進入組織決策層，要考慮員工建立與管理組織資訊通道的能力。若沒有這方面的能力，或對這方面根本沒有興趣的員工進入決策層，很容易產生官僚主義管理行為。再有，組織決策層的領導行為與風格有引導型的、教導型的、訓導型的。單一的領導行為與風格，很難全面領導組織成員。因此，晉升員工到決策層，也要考慮決策層領導風格互補，萬萬不可以一種領導風格來否定另外一種領導風格。

三是將員工晉升到參謀層。有些員工，喜歡對上級或組織提意見或建議，甚至於牢騷。若他們平常工作不錯，良好的方面多於不良的方面，可以考慮晉升他們到參謀層。如讓他們進入企劃部工作，或到市場部從事市場調查工作，或當人事助理負責員工提案管理工作等等。但在晉升他們進入參謀層工作授權授責時一定要考慮他們對組織決策層決策思想與管理策略的理解力，即在平常要多考察他們的工作行為，可能工作過程不一定規範，但工作結果卻令人相當滿意，有的時候甚至於令人驚喜。

其次是物質獎勵。清代紅頂商人胡雪巖就十分注重運用物質利益激發手下人的工作積極性。有個切藥工的下屬，業務功夫扎實，人稱「石板刨」，但因脾氣火暴而易得罪人。經人介紹「石板刨」來投奔胡雪巖的胡慶餘堂。胡雪巖不僅沒有因為脾氣的原因而拒絕他，而且還給他高薪資，提拔他當了大料房的頭兒。對有功勞者，胡雪巖特設信用單位，即從盈利中抽出一份特別紅利，專門獎給對「胡慶餘堂」有貢獻的人，功勞股是永久性的，一直可以拿到本人去世。一次，「胡慶餘堂」對面的一排商店失火，火勢迅速蔓延，眼看無情的火焰就要撲向胡慶餘堂門前的兩塊金字招牌。員工孫永康毫不猶豫地用一桶冷水將全身淋溼，迅速衝進火場，搶出招牌，他的頭髮、眉毛都讓火燒掉了。胡雪巖聞訊，立即當眾宣布給孫永康一份「功勞股」。

激勵員工已成為現代企業人力資源管理的核心，是吸引人才、留住人才的重要手段。如何創新激勵機制，吸引優秀人才，激發人才的能量，充分發揮人才的積極性和創造性，為企業創造出更大的價值，這是企業領導者必須解決的重要課題。企業管理者必須摒棄傳統的用人機制束縛，樹立一種全新的人才觀，有效地開發人力資源，科學地管理人力資源，從而做到人盡其才，才盡其用。只有如此，企業才會長盛不衰。

為下屬們做好榜樣

在管理學裡，從管理對象的角度講主要有兩個方面，一個是管理他人，另一個是管理自己。從一般習慣而言，在管理他人時，多是按照規章制度執行就可以了，而管理好自己則要看管理者個人有沒有這個意志力了。而恰恰是這個方面，往往能決定一個企業能否成功的關鍵。俗話說：「一屋不掃何以掃天下。」一個連自己都管不好的人，又怎能管好他人？管理的實質是影響力的發揮，它需要透過管理者的以身作則、率先示範，激發每個員工的積極性，帶帶他們共同完成組織的目標。在這種過程中，管理者的榜樣作用是十分巨大、影響深遠的，可謂「言教不如身教」、「榜樣的力量是無窮的」、「強將手下無弱兵」。事實也一再證明，一個公司或部門的管理者素養如何，能力如何，直接決定著這個公司或部門的工作成效。

那麼，管理者如何管理好自己，為員工做個好榜樣呢？首先還是要求管理者要嚴以律己，力爭在多方面為公司員工做好榜樣，透過不斷提升個人的感召力，促進員工素養與執行力的全面提升，最終促進各項工作的良好開展。具體說，可從以下幾個方面來做：

第一，修練自己的人格魅力，提升個人影響力。一個優秀的管理者，應該具備優秀的人品。管理者要成為一個道德品行端正、公正、正直、無私的人；要一心為公，勤政敬業；厲行節約、廉潔自律；規範經營、科學發展；服從大局、強化執行；陽光心態、自強不息；注重溝通、親民愛民。要時刻注意自己的言行舉止，時刻關心員工的情感需求，不斷提升個人影響力。

第二，要成為學習的榜樣。21 世紀是個學習型的世紀。學習力等於競爭力，學習力等於生命力。從某種程度上講，學習的速度等於成功的速度。社會日新月異，情況千變萬化，不學習，意味著跟不上形勢的發展，必然被淘汰。管理者要帶好隊伍，必須比員工學習力更強，比員工學的更多、更快、更全面。不僅要做好自身學習，更要帶領好、組織好下屬學習各類業務知識、規章制度、操作技能，全面提升員工的素養與技能。要增強學習的主動性、計畫性、前瞻性、系統性，不斷提升學習效果，提升學習力對管理工作的促進作用。

第三，要成為執行的榜樣。個人與群體、「小家」與「大家」，不免存在利益衝突或矛盾。在管理實踐中，很多企業都遇到了執行力不足的問題。要解決這個問題，需要我們在全行樹立與培養執行力的文化。在這其中，管理者自身的模範執行、嚴格執行，對執行力文化的塑造具有至關重要的作用。當管理者在完成上級任務的時候、在執行上級規章制度的時候、在帶領全體員工努力完成本公司或部門工作目標的時候，如果能做到「令行禁止」、「千方百計」、「服從大局」，規範經營，科學發展，以高度的責任感與緊迫感做好各項工作，則無疑對全體執行力的提升具有巨大的示範效應與槓桿作用。當管理者以自身高度的執行力與責任感，要求下屬員工全面落實與提升執行力的時候，執行力不力的弊病將迎刃而解。隨著全員執行力的提升，各項工作必將煥然一新。

第三，要成為言談舉止的榜樣。主管跟員工在一起時，要適當表現自己的「身分」。在辦公室裡員工相處，別人應該一眼就能看出，誰是員工，誰是主管。如果你不能表現出這一點，給人的印象就可能正好相反，那麼，你這個主管就是失敗的。你雖然不必過於矜持，但要讓你的員工起碼意識到，你是主管這樣，即便是活潑、輕佻的職員也不至於去拍你的肩膀，或拿你的缺點肆意開玩笑。他在你面前會小心謹慎，會看你的臉色行事、當你們一起離開辦公室時，他會恭恭做做地把門打開」，讓你先行。

主管要保持自己的威嚴，在無形中造成的員工對你的尊敬之意，會為你的工作開展創造條件，員工會處處按你交代的去做事。至少在表面上尊重你的意見，當他們執行任務有困難時會與你商量，而不會自作主張，自行其是。主管要注意自己的講話方式。在辦公室裡跟員工講話，一般說要親切自然，不能讓員工過於緊張，以便更好地讓對方領會自己的意思。但是在公開場合講話，譬如面對許多員工演講，做報告，要威嚴有力，有震懾力。但不管在哪種情況下，主管講話都要一是一，二是二，堅決果斷，切忌含糊不清。

跟職員交談，即便職員一方處於主動，主管聽取對方談話也切忌唯唯諾諾，被對方左右。如果對方意見與自己意見相左，可以明確給予否定，如果意識到員工意見確是對公司對自己有利的，也不要急於表態。

多思考少說話，也可以用「讓我仔細考慮一下」或「容我們研究、商量一下」等來結束談話。這樣，在回去之後，員工不會沾沾自喜，而會更加謹慎，主管也可以利用時間從容仔細考慮是取是捨，這在無形中增加了主管的權威，總比草率決定為好。行為是無聲的語言。很多員工與主管直接交談、交往的機會不是很多，他們了解你往往是遠遠地看到你的一舉一動，或透過其他一些資料，員工們會根據每一個較小的事情來判斷你。當你顯示自己的身分時，你是將辦公室的門敞開還是緊閉，當你走出辦公室如何與員工打招呼，你如何接聽電話，如何回覆來信等，每一個細節都會留在人員工的腦中。每一個細節，都是向員工們傳達了你自身的一份資訊。行為有時比語言更重要，主管的身分權威，很多往往不是由語言，而是由為動作表現出來的，聰明的領導者尤其如此。

除此以外，優秀的管理者還要爭取成為員工良好心態與積極態度的榜樣、客戶服務與產品拓展行銷的模範、負責擔當與尊重溝通的榜樣等。在現實中，有少數的管理者一味強調管理他人，卻疏忽了對自身的管理，結果自然是「事倍功半」，效果難以理想。

主管一定要言而有信

身為一個公司領導者，記性一定要好，既要記得下屬的名字，更要記得曾對下屬說過的每一句話，切記不要忘記你曾說過的話，否則你將失去領導者的信譽。

領導者的信譽是一種巨大無比的影響力，也是一種無形的財富。領導者如果能贏得下屬們的信任，眾人自然就會無怨無悔地服從他、跟隨他。反之如果經常言而無信、出爾反爾、表裡不一，別人就會懷疑他所說的每一句話，所做的每一件事。日本經營之神松下幸之助說過：「想要使下生肖信自己，並非一朝一夕所能做到的。你必須經過一段漫長的時間，兌現所承諾的每一件事，誠心誠意地做事，讓人無可挑剔，才能慢慢地培養出信用。」假如你要增進更多的領導魅力，必須努力做好一件事：讓你的夥伴稱讚你是一位言行如一的人。

如果一位主管，在他下屬的心目中是一位值得完全信賴的人，肯定他一定是一位成功的領導者。在領導與改革方面研究最有成效的領導學大師華倫・班尼斯（Warren Bannis）所作的一項研究結果發現，人們寧可跟隨他們可以信賴的人，即使這個人的意見與他們不合，也不願意去跟隨意見與他相合，卻經常改變立場的人。前後一致與專心致志是人成功的兩大因素。班尼斯所稱的前後一致，就是指領導人要言行一致，讓人覺得足以信賴。

一個團隊的領導生命力是什麼？就是要取得員工對他的信任，而這種信任是以主管遵守自己的諾言為基礎的。要想成為優秀的主管，就要始終保持一諾千金的準則，要對自己所說的每一句話負責到底，正所謂：一言既出，駟馬難追。假如你想擁有卓越的駕馭能力，就必須言必行，行必果。這些忠告應時時出現在心裡：不要承諾尚在討論中的公司決定和方案；不要承諾辦不到的事；不要做出自己無力貫徹的決定；不要發布你不能執行的命令！

假如打算說話一諾千金，就必須誠實。因為誠實是高尚道德標準的一種展現，意味著人格的正直，胸懷的坦蕩而且真摯可信。想成為別人的榜樣嗎？那就誠實地對待別人吧！

假如你想發展高水準的誠實素養，請記住這些忠告：任何時候做任何事都要以真摯為本；說話做事都力求準確正確；在任何文件上的簽字都是你對那個文件的名譽的保證，相當於你在個人支票、信件、備忘錄或者報告上的簽字；對你認為是正確的事要給予支持，有勇氣承擔因自己的失誤而造成的惡果；任何時候不能降低自己的標準，不能出賣自己的原則，不能欺騙自己；永遠把義務和榮譽放在首位，如果你不想冒放棄原則的風險，那你就必須把你的責任感和個人榮譽放到高於一切的位置上。慎勿毀約。毀約近似於說謊。對下屬說謊，無異於在下屬面前翻臉不認帳，自毀形象！下屬對主管感到不滿的，通常說謊者占絕大多數。因此，主管對於下屬有一件事絕對要避免，那就是「毀約」。

莫非世上有這麼多愛說謊的主管？實際上，經過仔細推敲之後發現，有許多主管說謊多半是迫不得已的：有時是主管內心並不想說謊，但由於各種因素，造成主管無法履行約定；也有時主管本身了解真情，說出來的時機還不成熟，因此被迫說謊，但是下屬並不了解整個事件的性質；還有的是因為主管發生了誤會，記錯、說錯或聽錯而造成的。即使如此，主管也不能輕率地處理此事。主管應該堅守一項原則——絕不對下屬說謊。

下屬通常會隨時注意主管的一言一行。一旦發現主管的錯誤或矛盾之處，就會到處宣揚。雖然此與信賴並不矛盾，但是被捉到小辮子也不是一件光彩的事。實際上，下屬信賴主管的程度，多半超過主管的想像。因此，一旦下屬認為「我被騙了」，那麼他對你所產生的憤怒是無法估量的。

你可能碰到原先認為可以完成的任務卻突然失敗的情形，因而無法履行和下屬的約定。此時，你應該盡早向對方說明事情的原委，並且向他道歉。若你說不出口，而又沒有尋求解決之道，事態將變得更嚴重。如何道歉呢？道歉的訣竅在於尊重對方的立場。一開始你必須表示出你的誠意，若你只是一味地為自己辯解，企圖掩飾自己的過失，只會招致嚴重的後果。一旦說謊的惡名傳開來，就很難磨滅掉，必須花費相當長的一段時間，才能將此惡名根除。

在工作職位上，如果你必須說謊時，最好在事後找個機會說明事實。但說明不能只是一個藉口。畢竟對方因為你的謊言而陷於不利的處境，或遭遇不愉快的事情。因此，你應先對你的謊言誠懇地道歉，然後再加以補充說明。如果對方能夠了解你的用心，是最好不過了。但是，一諾千金不能只停留在口頭上，而必須付之於行動！言行不一，欺騙下屬是領導者必須克服的病症。否則，領導者會自食苦果，毀於一旦！

第 23 堂課

決策 —— 領導智慧的終極展現

決策要抓住時機

1990 年代，「遠景管理」曾一度非常流行。所謂遠景，由組織內部的成員所制訂，藉由團隊討論，獲得組織一致的共識，形成大家願意全力以赴的未來方向。所謂遠景管理，就是結合個人價值觀與組織目的，透過開發遠景、瞄準遠景、落實遠景的三部曲，建立團隊，邁向組織成功，促使組織力量極大化發揮。遠景形成後，組織負責人應對內部成員做簡單、扼要且明確的陳述，以激發內部士氣，並應落實為組織目標和行動方案，具體推動。

一般而言，企業遠景大都具有前瞻性的計畫或開創性的目標，做為企業發展的指引方針。在西方的管理論著中，許多傑出的企業大多具有一個特點，就是強調企業遠景的重要性，因為唯有借重遠景，才能有效的培育與鼓舞組織內部所有人，激發個人潛能，激勵員工竭盡所能，增加組織生產力，達到顧客滿意度的目標。企業的遠景不只專屬於企業負責人所有，企業內部每位成員都應參與構思制訂遠景與溝通共識，透過制訂遠景的過程，可使得遠景更有價值，企業更有競爭力。

企業管理者在規劃遠景的同時，有必要讓人看到達到遠景的過程。團體中的領導者，必須能確實掌握大家的期待，並且把期待變成一個具體的目標。大多數的人並不清楚自己的期待是什麼。在這種情況之下，能夠清楚地把大家的期待具體地表現出來，就是對團體最具有影響力的人。在企業的組織之中，只是把同伴所追求的事予以具體化並不夠，還必須充分了解組織的立場，確實地掌握客觀情勢的需求並予以具體化。綜合以上兩項具體意識，清楚地表示組織必須達成的目標，這樣才能在團體之中取得領導權。

在進攻義大利之前，拿破崙還不忘鼓舞全軍的士氣：「我將帶領大家到世界上最肥美的平原去，那裡有名譽、光榮、富貴在等著大家。」拿破崙很正確地抓住士兵們的期待，並將之具體地展現在他們的面前，以美麗的夢想來鼓舞他們。

如果是以強權或權威來壓制一個人，這個人做起事來就失去了真正的動機。抓住人的期待並予以具體化，為了要實現這個具體化的期待而努力，這就是賦予動機。具體化期待能夠賦予動機的理由，就在於它是能夠實現的目標。例如：蓋房子的時候，如果沒有建築師的具體規劃就無法完成。建築師把自己的想法具體地表現在藍圖上，再依照藍圖完成建築。

同樣的道理，組織行動時也必須要有行動的藍圖，也就是精密的具體理想或目標。如果這個具體的理想或目標規劃得生動鮮明而詳細，部下就會毫無疑惑地追隨。如果領導者不能為部下規劃出具體的理想或目標，部下就會因迷惑而自亂陣腳，喪失鬥志。善於帶領團體的人，能夠將大家所期待的未來遠景，著上鮮麗的色彩。這遠景經過他的潤飾後，就不再是件微不足道的小事，而變成了一個遠大的理想和目標。

或許你會認為理想越遠大就越不容易實現，也越不容易吸引大家付諸行動，其實不然。理想、目標越微不足道，就越不能吸引眾人的高昂鬥志。這一方面，領導者如何帶領下屬就很重要。沒有魅力的領導者，因為唯恐不能實現，所以不能展示出令部下心動的遠景。下屬跟著這樣的領導者，必然不會抱有理想，工作場所也像沙漠，大家都沒有高昂的鬥志，就算是微不足道的理想也無法實現。當然，即使是偉大的遠景，如果沒有清楚地規劃出實現過程，亦無法使大家產生信心。因此，規劃遠景的同時，還必須規劃出達成遠景的過程。

規劃為達成目標必經的過程，指的就是從現在達成目標所採取的方法、手段及必經之路。目標的達成是最後的結果，由於要達到最後的結果並不容易，所以要設定為達成最後結果的前置目標（以此為第二目標）。要達成第二目標也並不容易，所以要設定達成第二目標的前置目標（第三目標）。要達成第三目標也並不容易。就這樣一步一步地設定次要目標，連接到現在。

為達成最後的結果就必須從最下位的目標開始，一步一步地向前位目標邁進，次第完成每個目標。這一步一步展開前置目標的過程，就被稱為「目標功能的進展」。此「目標功能的進展」中，最下位的目標必須設定在最接近目前的狀況，且盡可能的詳細而現實。也就是說，最下位的目標必須是可以達成的。達成了最下位的目標後，再以更高層的目標為目的。

達成目標的過程或手段，規劃得越仔細越好。越上位的目標，其過程或手段就越概略，只要從下位目標一步一步地向上爬，最後一定可以達成。像這樣把由眼前的現狀到達成目標的過程中每一階段都規劃成一幅幅的可展望的圖景，「目標功能的進展」若能一步步地實現，達成最後目標的效果就越顯著。

把事交給信得過的人去做

身為一個企業主管，並不意味著你可以管理公司的一切，而是應該做到許可權與權能相適應，權力與責任相結合。什麼都做的主管是什麼都做不好的。記住，當你發現自己忙不過來時，你就要考慮自己是否做了些應該由下屬做的事情，你就要考慮是否應該向下放權，這是一個企業管理者決策的重要環節，既然要授權，肯定是要找到合適的人去做，只有找到合適而且自己又信賴的人，才能稱得上是一次成功的授權，哪些才是可信賴的人呢？一般來說，如果你的團隊中有以下幾種人，你可以考慮他們。

第一，忠實執行上級命令的人。一般來說，主管下達的命令，交辦的工作，分配的任務無論如何也得全力以赴，雷厲風行，按時完成，絕不能拖拖拉拉，今天推明日，明日推後天。對工作任務不能如期完成，這是失信的表現。「言而無信」將成為失敗的根據。如果下屬的意見與上級的意見有出入，當然可以先陳述你的意見，陳述之後，主管仍然不接受，就要服從上級的意見。這是下屬幹部必須嚴守的第一大原則，有些下屬在自己的意見不被採納時，抱著消極的放任自流、自暴自棄的態度去做事，這樣的人沒有資格成為上級的輔佐人。

第二，知道自己許可權的人。幹部必須認清什麼事在自己的許可權之內，什麼事自己無權決定。絕不能混淆這種界限。如果發生某種問題，而且又是自己許可權之外的事，應該即刻向上級請示。越過頂頭主管與主管交涉、協調，等於把主管架空，也破壞了命令系統，應該列為禁忌。非得越級與上級聯絡、協調的時候，原則上，也要先跟頂頭主管打個招呼，獲得認可。

第三，勇於承擔責任的人。有些幹部在自己負責的工作發生錯失或延誤的時候，總是舉出一大堆的理由。這種將責任推卸得一乾二淨的人，實在不能信任。幹部負責的工作，可以說是賦予全責，不管原因何在，幹部必須為過失負起全責，如果上級問起錯失的原因，必須據實說明，千萬不能有任何的辯解的意味。一個主管必須有「功歸部屬，失敗由我負全責」的胸懷與度量才行。

第四，不是事事請示的人。遇到一些在旁人看來極瑣碎的事，都一一搬到上級面前去請示，這樣的幹部，令人不禁要問：你是做什麼吃的？幹部對主管不該有依賴心。事事請示不但增加了主管的負擔，幹部本身也很難成長。幹部擁有執行工作所需的許可權。你必須在不逾越許可權的情況下，憑自己的判斷把份內的事處理得乾淨利索。幹部必須根據上級的要求或意圖創造性的開展工作，這就需要在工作中多思考，把上級精神與你所轄部門的實際結合，最大限度地符合學校利益與群眾利益，拿出新舉動、新辦法、解決新問題、獲得好效果。

第五，準備隨時回答上級提問的人。當上級問及工作內容、方式、進展狀況或是今後的預測，或有關的數字，必須當場回答清楚。幹部必須隨時掌握職責範圍內的全盤工作，在主管提到有關問題的時候，都能立刻回答才行。

第六，向上級提出問題的人。上層主管由於各種會議、上級部門檢查、兄弟公司參觀、學習等事務繁忙，平時很難直接掌握各種細節問題，能夠確實掌握問題的人，非下級幹部莫屬。因此，幹部必須向上級提出所需部門、處室目前的問題，以及將來必然面臨的問題。同時一併提出對策，供主管參考。

第七，提供情報給主管的人。幹部與外界人士、部屬等接觸的過程中，經常會得到各種各樣的情報。這些情報，有些是對公司有益或是值得參考的。幹部必須把這些情報謹記在心，事後把它提供給主管。自私之心不可有。向主管做某種說明或報告的時候，有些幹部都習慣於把它說得有利。如此一來，極易讓主管出現判斷偏差。尤其是影響到其他部門，或是必須由主管做出某種決定的事，幹部在說明與報告時必須遵守如下的原則：不可偏於一方，從大局出發，扼要陳述。

執行能力是管理者綜合素養的表現

面對「市場更加多變」和「管理日趨複雜」的兩大挑戰，企業管理者必須從具體的事務中抽身出來，專注於計畫、實施、溝通、協調、監督、落實、指導、控制、考核和持續改進等工作思路和工作方式的研究，更多地掌握和運用先進的管理理念和管理手段，積極搭建提升執行力的平臺，不斷提升部門和下屬的執行力，以推動企業持續發展。

對一個組織來說，良好的執行力必須以相適應的結構、流程、企業文化和員工素養能力為基礎。對一個特定的管理者而言，執行力主要展現為一種總攬全面、深謀遠慮的業務洞察力；一種不拘一格的突破性思維方式；一種「設定目標，然後堅定不移地完成」的態度和行為；一種雷厲風行、快速行動的管理風格；一種勇挑重擔、勇於承擔風險的工作作風等。因此，管理者的執行力是多種素養的結合和表現，而絕不是某項單一素養的凸顯。單一的「主管說什麼，就是什麼」的盲目服從；不計後果、不顧大局的衝動魯莽；說一不二、大搞一言堂；對待下屬的簡單粗暴等等，都不是我們需要的執行力。

管理者的執行能力總結起來共有以下幾個方面：

第一，領悟能力。在做任何一件工作之前，一定要先弄清楚工作的意圖，然後以此類目標來掌握方向。這一點很重要，千萬不可一知半解就開始埋頭苦幹，到頭來力沒少出，工作沒少做，但結果是事倍功半，甚至前功盡棄。

第二，計畫能力。執行任何任務都要制定計畫，把各項任務按照輕重緩急列出計畫表，一一分配給部屬來承擔，自己看頭看尾即可。把眼光放在未來的發展上，不斷理清明天、後天、下週、下月，甚至明年的計畫。

在計畫的實施及檢討時，要預先掌握關鍵性問題，不能因瑣碎的工作而影響了應該做的重要工作。要清楚做好 20% 的重要工作，等於創造 80% 的業績。

第三，指揮能力。為了使部屬根據共同的方向執行已制訂的計畫，適當的指揮是有必要的。指揮部屬，首先要考慮工作分配，要檢測部屬與工作的對應關係，也要考慮指揮的方式，語氣不好或是目標不明確，都是不好的指揮。而好的指揮可以激發部屬的意願，而且能夠提升其責任感與使命感。要清楚指揮的最高藝術是部屬能夠自我指揮。

第四，協調能力。任何工作，如能照上述所說的要求，工作理應順利完成，但事實上，主管的大部分時間都必須花在協調工作上。協調不僅包括內部的上下級、部門與部門之間的共識協調，也包括與外部客戶、關係公司、競爭對手之間的利益協調，任何一方協調不好都會影響執行計畫。要清楚最好的協調關係就是實現共贏。

第五，授權能力。任何人的能力都是有限的，身為主管不能像業務員那樣事事親力親為，而要明確自己的職責就是培養下屬共同成長，給自己機會，更要為下屬的成長創造機會。孤家寡人是成就不了事業的。部屬是自己的一面鏡子，也是延伸自己智力和能力的載體，要賦予下屬責、權、利，下屬才會有做事的責任感和成就感，要清楚一個部門的人思索事，肯定勝過自己一個腦袋思索事，這樣下屬得到了激勵，你自己又可以放開手腳做重要的事，何樂而不為。切記成就下屬，就是成就自己。

第六，判斷能力。判斷對於一個主管來說非常重要，企業經營錯綜複雜，常常需要主管去了解事情的來龍去脈、因果關係，從而找到問題的真正癥結所在，並提出解決方案。這就要求洞察先機，未雨綢繆。

第七，創新能力。創新是衡量一個人、一個企業是否有核心競爭能力的重要標誌，要提高執行力，除了要具備以上這些能力外，更重要的還要時時、事事都有強烈的創新意識，這就需要不斷地學習，而這種學習與大學裡那種單純以掌握知識為主的學習是很不一樣的，它要求大家把工作的過程本身當作一個系統的學習過程，不斷地從工作中發現問題、研究問題、解決問題。解決問題的過程，也就是向創新邁進的過程。因此，我們做任何一件事都可以認真想一想，有沒有創新的方法使執行的力度更大、速度更快、效果更好。

第八，團隊精神。團隊精神不僅僅是對員工的要求，更應該是對管理者的要求。團隊合作對管理者的最終成功有著舉足輕重的作用。據統計，管理失敗最主要的原因是管理者和同事、下級處不好關係。

對管理者而言，真正意義上的成功必然是團隊的成功。脫離團隊，去追求個人的成功，這樣的成功即使得到了，往往也是變味的和苦澀的，長期是對公司有害的。因此，管理者的執行力絕不是個人的勇猛直前、孤軍深入，而是帶領下屬共同前進。

組織的團隊精神包括三個方面：

一是組織中的員工相互欣賞，相互信任；而不是互相瞧不起，相互拆臺，對方反對的我就擁護，對方擁護的我就反對。管理者應該引導下生肖互發現和認同別人的優點，而不是拉一派，打一派，故意讓下屬對立，以突顯自己的重要性。

二是不僅是在別人找你尋求幫助時，提供力所能及的幫助；還要時時尋找機會去主動地幫助同事，自己掌握的那些技能和資訊是別人所需要的，就應主動提供給別人。反過來，我們也能夠坦誠地樂於接受別人的幫助。

三是團隊自豪感是團隊裡的每位成員的一種成就或自得感；這種感覺

集合在一起，就成為這個團體的戰無不勝的戰鬥力，也是一種非常有效的提升團隊凝聚力的方法。管理者的執行力絕不是個人的行為，而必須是整個團隊的執行。領導人責任尤為重要，曾時聞有領導人總是抱怨自己的團隊或漠視自己團隊的抱怨，殊不知，正是鍛鍊領導人激勵能力的時機。管理者的團隊精神不僅指個人的態度，還必須對整個組織的團隊精神負責。

第九，堅韌能力。堅韌性指具備挫折忍受力、壓力忍受力、自我控制和意志力等。能夠在艱苦或不利的情況下，克服外部和自身的困難，堅持完成所從事的任務；在非常困難的環境下堅持工作，或在比較巨大的壓力下堅持目標和自己的觀點。堅韌性首先表現為一種堅強的意志，一種對目標的堅持。「不以物喜，不以己悲」，認準的事，無論遇到多大的困難，仍千方百計完成。其次是在工作中能夠保持良好的體能和穩定的情緒狀態，例如：有較強的耐受力，能夠經得起高強度的體能消耗；面對別人批評時能夠保持冷靜；在與同事、下屬和客戶的衝突時，能夠克服煩躁的情緒，保持冷靜。

第 24 堂課

價值 —— 蘊含在體內的正能量

學會為員工打氣

身為企業老闆，你可以環顧四周，看看部屬是否擁有類似的特質，最好的方法是從你的辦公桌後面冷眼旁觀他們工作的樣子，例如他們與同仁、顧客、主管、下級員工共事時，顯現何種專業特徵？在壓力之下，或是工作脫離原先計畫的軌道時，他們所表現的領導特質又是什麼？他們所展現的哪一些特質和你自己的領導風格最相似？或者，他們的行事與你的風格有何不同？你能夠在兩者之間找到彼此吻合的共同點嗎？

如果你覺得自己已經找到一位或多位適合的骨幹人選，接下來就把他們請進你的辦公室，和他們討論你的想法和計畫，看看他們是否有同感。有些人喜歡安逸、有保障性質的工作，無意改變現狀或向上爬；有些人對改變的態度比較開放，當你對他們解釋你的計畫時，馬上就顯得躍躍欲試。你的選擇過程應該保持非正式的基調，目的是言談之間透露這樣的資訊：我已經觀察你的工作有一段時間了，我認為你擁有的一些實力顯示你可能做個出色的老闆。我願意幫助你，反過來，我也能從你這裡獲得一些幫助。

獲得你青睞的入選者應該立即展開學習的歷程，基於你對他工作的了解，必須清楚他在哪一個部分最需要幫忙，哪些工作又是最容易示範領導力的領域，還有這位入選者發展必要技巧，以及最需要下工夫和他人協助的地方又在哪裡。在這個調教過程裡，你可以正式的，也可以採取輕鬆的做法，時間長短任你決定，深入細節或是抓住原則，也都由你視情況而定。記住，你不是在舉辦一場比賽，看誰最先跑到領導線上。其實，你的任務是集合人員展開長途旅程，並在旅途中不斷提供支援。

也許你很忙，調教人才所能做的畢竟有限，有時候你必須給下屬更多自由，任由他們去進行工作，如果他們碰到問題，或是他們能夠敏銳的話，就會回來找你幫忙。你應該賦予他們以真正的責任和新的挑戰，並且暗示他們在處理新問題時會遭遇到哪些危險與困難，接下來看看他們想出來的解決之策，你會感到非常驚訝！切記，當你第一次授權給「侍臣」助手時，不能寄望一定會成功。你不可以輕率的決定：「好吧，既然第一次交給他一項大計畫他就搞砸了，我們還是先喊暫停，檢討一番再說。」

事實上，從錯誤中學習是無價之寶，在學習過程中最重要的是這個下屬有沒有從犯錯中學到教訓，這意味著身為主管和考績人的你，必須花長一點時間，才能得到最真切的觀察。等觀察時期告一段落之後，就是你插手的時候了，你可以提供一些建議、做一些調整、給下屬一些建設性的批評，或提供諮詢，或是其他類似的矯正協助。唯有獲得你的回饋，下屬才可能學習和發展新的技能。他們需要了解哪些事情做得對，哪些又做得不好。這時候你的角色是指引受訓下屬新的方向，並且協助他們解決訓練過程中碰到的問題，你應該要表現出敏感度高、有人情味、機智練達的特質來。犯錯是人之常情，就像寫錯字需要橡皮擦，劃破了皮膚需要紗布包紮一樣。有些錯誤固然會釀成無法彌補的災禍，可是也有無數小過錯是微不足道的。你的工作是擬定處理出錯事件與犯錯員工的政策，並且讓每個人重新回到工作職位上。

你應該把目光著眼在大局上，將心力焦點集中在這位受訓助手最終的成就與長遠的收穫上。再提醒一次，這時候你仍然需極大的耐心，下屬需要知道你不會在他們一出錯時就出言責備，如此一來，如果他們真的犯了錯，就會以更好的表現來證明他們並非不能做好，給他們一次機會吧！

好老闆也是最會打氣的人，即使在事情似乎一塌糊塗、無可救藥時，他們也能鼓舞起員工的士氣。這些老闆以言行來證明他們的計畫終究會成功。在組織太平無事、業績良好景氣一片繁榮的時候，許多管理人可以擔當為員工打氣的任務；可是在局勢困頓、樣樣不順利的時候，唯有老闆知道如何鍛鍊、訓斥、教導、讚美下屬，使他們重新充滿希望。

老闆懂得善用誠心的讚美與積極的支援，有時候更不惜出借自己的肩膀，讓遭遇挫折的員工盡情倚靠、哭訴。不論事情順不順利，員工都需要有這樣的意識：他們可以隨時向你尋求建議與支持。

有時為了培育下屬成為真正老闆，然後協助他們挑選自己的下屬，這麼做能夠使培訓公司骨幹的過程自動重複展開，也能使公司上下體會到新的骨幹已然誕生。在實際工作中，哪些話最能為員工打氣呢？以下幾點值得每一位管理者去嘗試：

- 不要總拿自己與別人相比，從而造成你失去自信，並貶低了你自身的價值。正因為人與人之間存在著各種差異，我們每一個人才會各有所長，各有所為，也就是人們通常所說的各有千秋。
- 別人認為重要的事情，你不能把它作為實現自己目標的依據。只有透過你自己的實踐經歷與認真思考之後，才知道什麼東西對你最好、什麼事情對你最重要。
- 與你內心最貼近的東西，切莫等閒視之。要像監守生命一樣監守它們，因為一旦你遺失了它們，生活就會變得毫無意義。
- 切莫只是沉湎於過去或者只是幻想未來而讓生命從手指間悄悄的溜走。努力讓每一天的生活過得好，過得有意義，你就會樂觀而充實的度過你的整個人生。
- 如果你還可以努力，可以付出，就不要輕言停止和放棄。在你停止努力的那一刻之前，一切都還沒有什麼真正的結果。

· 不要害怕遭遇風險。只有透過冒險，我們才能學會如何變得勇敢。
· 別說真愛難求，而將愛拒之於生活之外。獲得愛的最快途徑是接受愛，失去愛的最快途徑是餓；扼制你曾經付出的愛，而保持愛的最好途徑是給愛插上人格的翅膀。
· 不要害怕學習，知識沒有重量，它是你隨時可以獲取的又隨時可以攜帶的寶庫。
· 不要漫不經心的打發時間或口無遮攔的說話，失去的時間或說出去的話都是無法挽回的。
· 生活不是一場賽跑，而是其每跑一步都值得細細品嘗的溫馨旅程。

製造工作中的危機感

太過安逸的環境，是不利於人的成長與進步的，很多企業主管往往意識不到這一點，認為自己已經是成功人士，可以高枕無憂了，甚至還有些人追求「小富即安」的小農心態。在平日的工作中，試圖營造一種「你好，我好，大家好」的內部工作氛圍，而不懂得去為下屬製造壓力與危機感。實際上，適當地製造一些危機感對企業和員工都不無好處。為什麼？太過安逸、穩定的工作，一般會影響員工的工作績效。而且，如果長此安逸、穩定下去的話，不僅對企業造成損失，對個人的危害也會很深。因為，那些長期處於安逸工作環境中的人，一旦遭遇不可避免的變化時，他們往往會束手無策，坐以待斃。

美國的J·M·巴德維克博士指出：「不時提醒你的員工，企業可能會倒閉，他們可能會失去工作。這樣可以激勵他們盡其所能，不至於怠慢企業和工作。」

工作穩定，長久以來一直是員工的權利。如果員工認為企業「欠」他們的，沒必要靠努力工作獲得報酬，他們的效率就會降低。這不僅對企業造成損失，對個人也許貽害更深。如果對自己的工作不負責任，就不會去學習如何應對變化。那麼，當變化不可避免時，他就束手無策，坐以待斃，這恰恰會帶來真正的危險。

工作危機感是好事。毫無危機感的企業必須製造適當的危機感來激勵員工的工作，讓他們感到自己的工作離不開這種危機感。事實確實如此，當員工戰勝他們面臨的挑戰時，他們就會更加自信，對企業做出更大的貢獻。成為對企業有所貢獻者，是工作穩定的唯一途徑。

事實上，每個人都是富有熱情的，關鍵是這種熱情是在什麼時候迸發出來，有沒有營造一個良好的環境，促使和培養其迸發出來。

其次，不要讓員工有危機感。可能從 FPA 性格分析，人確實有工作型、熱情型等不同的性格特質，但這種性格特質更多是在企業的整個組織結構比較正規、發展比較良性的情況下才能展現出來。也就是說，在已經形成良好的氛圍、文化和企業流程的情況下，員工才會有工作的熱情。反之，若一個企業讓每個員工都有過重的危機感，特別是除工作目標、績效考核等工作危機之外的一些「莫名危機」，譬如信任危機、公司政治危機等等，這些危機比例過大，就很難讓員工的熱情迸發出來。還有一些企業，員工的生存和安全等不確定的危機和壓力比較大，也很難使人迸發出熱情。

一個生機勃勃、鬥志昂揚的人和團隊，其壓力一定是正向的，是一種基於公司明確的策略目標、績效考核和目標管理體制所產生的正向壓力，這種企業的公司政治、人事糾紛，以及由於企業家本身的個性所造成的非正向壓力一定很少。

如果員工無論業績多麼差都能高枕無憂，就可能造成一種無所謂的企業文化。任何企業中都可能存在「無所謂文化」，員工無所事事，卻認為企業「欠」著他們的，因為管理層創造了一種「應得權利」的文化。在「無所謂文化」中，員工更注重行動而不是結果。

員工有這樣的思想和行為，是因為當他們失敗或企業瀕臨倒閉時，不會對他們帶來任何後果。他們不斷闖禍，卻一次又一次矇混過關。

要打破員工「無所謂文化」，或調動那些唯恐失去工作的人們的積極性，就得在風險與穩定之間建立適當的平衡點。如果人們覺察不到危機感，就必須創造一種環境，讓他們產生不穩定感，不能讓他們麻木不仁。心理學上的兩個重要發現解釋了這種現象：第一，隨著焦慮程度的加深，人的業績也會提高。當焦慮度達到一個理想水準時，業績也會隨之達到最高點。不過，如果焦慮程度過高，業績也會下降。第二，當成功概率達50% 時，人們取得成功的動力最大。換句話說，如果人們追求的目標或接手的任務具有挑戰性，但仍有極大可能成功時，人們追求目標或接手任務的動力最大。

企業的員工一般處於以下幾種狀態之一：「無所謂」這種狀態下，人們面臨的風險極低，凡事都想當然，不管他們表現多麼差，都有安全感；身處恐懼中，風險或焦慮度太高，凡事謹慎，不管他們表現多好，還是沒有安全感；努力獲得這種狀態下，風險程度適中，人們面臨適當的挑戰而發揮最好。這是唯一真正富有成效的狀態，人們肩負著足夠的風險，珍惜自己的努力所得。而這點恰好使他們能獲得滿意的結果。

企業要繁榮，員工要發展，努力工作是每位員工應有的態度。在這種環境中，員工和企業創造性噴湧，靈活善變，努力獲得那些真正重要的結果，才會成功。

要讓下屬明白這樣一個事實，當今的經濟現狀中潛伏著不盡的威脅：客戶可能拂袖而去，企業可能倒閉，員工可能失業。沒有成功，就沒有企業，也就沒有工作。

這樣可以激勵他們盡其所能，不至於怠慢企業和工作。

凡事多思而後行

不論你有多麼正當的理由，怒火攻心永遠是一種失敗的表現，絕對地屬於消極的精神現象，絕對地只能導致丟人現眼的結果。虛火上升，智力下降，形象醜陋，舉動失當，傷及無辜，親者痛而仇者快，這是必然的一連串發展。「三思而後行，謀定而後動」是克服衝動的最佳良藥，是古代先賢留下的不朽名言。這兩條警句不但應該讓那些衝動型的人熟記，而且也應該讓所有學子都深刻領悟。三思而後行，思考些什麼東西呢？思考的是問題的根源和起因。問題發生後，就需要知道發生問題的根源是什麼，導致問題的誘因是什麼。只有當這些問題的正確答案都找到後，才能考慮解決的方法。

之所以要三思，是因為問題的發生是很多原因導致的，其背景是複雜的，單憑直覺很難得出正確結論，往往需要一段時間的分析歸納或者調查研究，才能理出頭緒。而且也有被人製造假象，提供虛假線索的可能，一不小心就有誤入歧途的危險。所以，思維必須要精細縝密。思考一遍還不夠，還需要檢查一遍，然後在行動之前還要複查一遍，確保行動萬無一失。三思以後，在解決問題的方案上，還要再考慮。這就是「謀定而後動」的道理。

謀就是計畫、方略，是解決問題的方針和策略。只有行動方針確定了，才能採取行動。這種行動方針是經過思考的，而不是那種本能衝動的行動。謀略思考是為了尋找合適的方案。本能衝動型的人總是只想到一種行動，只考慮解決面上的問題，對後續行動和影響卻不考慮。仔細考慮對策後，就有可能既把問題解決，又避免了出現負作用。這樣才能使問題得到圓滿的解決。謀定而後動就需要在發生問題時沉著鎮靜，不急於立即採取行動，而是要靜下心來冷靜地想一想。心急的人往往會不耐煩地催促趕快採取行動，因為他們總是擔心時間緊急，再不採取行動就來不及了。其實，越忙就越容易出差錯。如果事先沒有考慮好，路子沒走對，反而會耽誤時間。所以，有句俗話，叫「磨刀不誤砍柴工」。先把刀磨快了，看起來耽誤了時間，但是在砍的時候由於刀口鋒利，所以效率高，反而節省了時間。也像出門開車，事先把地圖看好了，順著標誌一路開去，就可以不繞彎路，節省時間。如果慌忙上路，看起來節省了看地圖的時間，但是一旦走錯了路，可能就會浪費比看地圖長很多倍的時間。

雖然說「條條大路通羅馬」，但是肯定有最便當，最短路程的捷徑。我們不可能一條條地找，然後才發現最短的路。如果事先花時間做研究，問清路線，就可以免去在路上摸索的時間，這樣一出發就登上最佳的路線。解決問題也是這樣。一個問題可能會有許多解決方案，但是肯定有的方案是不好的，有的方案可以省時省事，其中肯定有一個最佳方案。所以，謀定就是要找到最佳方案。所以，凡是衝動型的人，一定要意識到自己的莽撞行事往往會帶來更多更大的麻煩。要時刻記住：「在任何處境下保持從容理性的風度。心存制約，遇事三思，留有餘地。」讓自己成為有勇有謀的人。

在企業的管理決策中，管理者更要思路清晰。思路清晰，謀定而後動。只有經過處理的資訊才能夠支援企業的決策行為。在企業裡真正有效地建立起一個管理的控制系統和決策的支援系統。這個系統對於企業尤其是企業的各級管理者來說是非常有價值的。通常情況下，一個決策要考慮到以下幾個流程：

第一，策略目標、經營理念。就是向員工、消費者和市場亮明身分，「我是誰？我是做什麼的？」讓員工、消費者和市場對企業有一個明確的認知和定位。所以策略目標和經營理念是企業規範化管理的第一個組成部分。

第二，程序流程、表格設計。一個現代化企業先考慮流程後考慮部門，流程比部門更重要，流程大於部門。流程的作用是：把企業日常工作過程做一個良好的設計，使常規性的工作能夠有條不紊，使突發性的工作能夠未雨綢繆。表格設計的作用是：幫助企業把日常工作做得更加清晰規範，因此表格設計必須做到簡明好用、程序配套。更重要的是程序和表格的設計和規範，能夠為企業資訊化和數位化管理打下非常良好的基礎。

第三，組織結構、功能模組。明確企業的核心業務流程，核心業務流程確定後，就能夠推算出企業需要怎樣的組織結構才能支援企業發展策略規劃的實現。組織結構確定之後，又需要明確在這個組織結構裡的每個功能模組的職責。

第四，部門職位、權責價值。部門職位的權責分析的規範。企業應對部門和職位權責、員工的任職進行準確、實用和規範地描述。企業的持續發展必須靠「法治」的管理系統，靠任職資格來規範員工、管理者的任用和考評標準。職位價值分析能夠明確企業每一個職位對公司產生的具體價值，對公司核心目標和核心價值觀貢獻的重要性。也是職位薪資及其他待遇的標準基礎。因此，企業的職位描述具有良好的授權的功能。任職資格描述對員工工作能力具有判斷的功能。職位價值分析對員工工作所產生的貢獻具有檢驗、評價的功能。

第五，規章制度、紀律規範。企業規章制度是指全體員工都需遵守的遊戲規則。制度制訂了就必須執行。制度就像一把不斷上下揮動的刀，沒有員工違反它時，制度似乎並不發揮作用，但是只要有人違反，那就必須有過必罰、有錯必懲。

名言佳句

名言佳句

一開始設定高目標，日後才能構思出嶄新的方法。

堅決的信心，能使平凡的人們做出驚人的事業。

做一個傑出的人，光有合乎邏輯的頭腦是不夠的，還要有一種強力的氣質。

熱情，這是鼓滿船帆的風。風有時會把船帆吹斷；但沒有風，帆船就不能航行。

拿出勇氣！即使被稱為膽小鬼也沒關係！

天時不如地利，地利不如人和。

大成功靠團隊，小成功靠個人。

以愛為凝聚力的公司比靠畏懼維繫的公司穩固得多。

我們的行業，就是創意。創意在氣味相投的氣氛中，最能成長茁壯。

成功的祕訣就在於懂得怎樣控制痛苦與快樂這股力量，而不為這股力量所反制。如果你能做到這點，就能掌握住自己的人生，反之，你的人生就無法掌握。

其身正，不令而行，其身不正，雖令不從。

管理是一種嚴肅的愛。

為了能同所有的男男女女和睦相處，我們必須允許每一個人保持其個性。

紀律是自由的第一條件。

施於人，但不要使對方有受施的感覺。幫助人，但給予對方最高的尊重。這是助人的藝術，也是仁愛的情操。

得不到別人尊重的人，往往有最清冽的自尊心。

偉人會死亡，但死亡卻無法消滅他們的名字。

共同的世界，共同的奮鬥，可以是人們產生忍受一切的力量。

優秀指揮家成功的奧妙，在於他們擁有淵博的知識、充沛的精力、嚴謹的作風以及非凡的感召力。

只有滿懷自信的人，才能在任何地方都懷有自信沉浸在生活中，並實現自己的意志。

差錯發生在細節，成功取決於系統。

人之謗我也，與其能辯，不如能容。人之侮我也，與其能防，不如能化。

智慧的藝術就是懂得該寬容什麼的藝術。

一個以自我為中心的人總是在抱怨世界不能順他的心，使他快樂。

一個目光敏銳、見識深刻的人，倘又能承認自己有局限性，那他離完人就不遠了。

生活本來就是一種平衡，是得失互利的動態關係。當你為今天的逍遙心安理得時，也許明天你需要流更多汗出更多力。

自始至終把員工放在第一位，尊重員工是成功的關鍵。

賞無功謂之亂，罪不知謂之虐。

失敗就是邁向成功應付出的代價。

世界上的一切都必須按照一定的規矩秩序各就各位。

世界上沒有原則，只有世故，沒有法律，只有時勢，高明的人與世故跟時事打成一片，任意支配。

原則是我的準則而非我的權術。

擁有一顆無私的愛心，便擁有了一切。

用語言、事物表揚，用正告、訓斥、懲罰及對特殊的個別的問題採取體罰，以有教益的懲罰制度，即持以坦白的態度，出以懇切的目的，使受罰者理解這樣做是對他有好處的，正如吃苦藥治病一樣。

理智要比心靈為高，思想要比感情可靠。

請記住，獎賞永遠不會成為我們工作和奮鬥所追求的目標。

不能弄平均主義，平均主義懲罰表現好的，鼓勵表現差的，得來的只是一支壞的員工隊伍。

聽不到奉承的人是幸運的，聽不到批評的人則是危險的。

批評不能只安於反映現在，而要搶在過去之前，從未來把現在贏到手。

不要為了尖銳的批評而生氣，真理總是不合口味的。

巧妙地置疑是一個優秀批評家的重要特徵。

把每一件簡單的事做好就是不簡單；把每一件平凡的事做好就是不平凡。

計畫的制定比計畫本身更為重要。

未來的企業競爭，就是細節的競爭。

一個不經意的細節，往往能夠反映出一個人深層次的修養。

那腦袋裡的智慧，就像打火石裡的火花一樣，不去打它是不肯出來的。

名言佳句

世上並沒有用來鼓勵工作努力的賞賜，所有的賞賜都只是被用來獎勵工作成果的。

錯誤經不起失敗，但是真理卻不怕失敗。

一個人的特色就是他存在的價值，不要勉強自己去學別人，而要發揮自己的特長。這樣不但自己覺得快樂，對社會人群也更容易有真正的貢獻。

有些人天資頗高而成就則平凡，他們好比有大本錢而沒有做出大生意，也有些人天資並不特異而成就則斐然可觀，他們好比拿小本錢而做大生意。這中間的差別就在努力與不努力了。

人才難得而易失，人主不可不知之。

感情投資是在所有投資中，花費最少，報酬率最高的投資。

是員工養活了公司。

一個人怎麼說話，說什麼話，毫無例外地顯示著他的品味。

幽默是生活波濤中的救生圈。

言談能夠忠實地反映出一個人的內心。

使用得當的話，道具能使演講人的話更清晰，更有趣，也更容易記住。

管理就是把複雜的問題簡單化，混亂的事情規則化。

如果運氣不好，乾脆忘掉命運這件事，全力以赴地工作吧！

一個公司要發展的迅速得益於聘用好的人才，尤其需要聰明的人才。

要想具備突破力，必須在專精的領域扎根才行！

光靠一個人，是不可能展現出這種能力。

最應該分析的就是時間。

日事日畢，日清日高。

不管什麼時候，人都不可以自暴自棄。

謙虛使人的心縮小，像一個小石卵，雖然小，而極結實。結實才能誠實。

真誠是通向榮譽之路。

謙虛使人的心縮小，像一個小石卵，雖然小，而極結實。結實才能誠實。

管理企業就是，溝通，溝通，再溝通。

20 歲時的臉孔是上天給你的，50 歲時的臉孔是你自己決定的。

整理外表的目的在於讓對方看出你是哪一種類型的人。

最能直接打動心靈的還是美。美立刻在想像裡滲透一種內在的欣喜和滿足。

沒有偉大的品格，就沒有偉大的人，甚至也沒有偉大的藝術家，偉大的行動者。

能用他人智慧完成自己工作的人是偉大的。

成功的企業家不僅是授權高手，更是控權的高手。

管得少，就是管得好。

不放過任何細節。

不尊重別人的人，別人也不會尊重他。

要尊重每一個人，不論他是何等的卑微與可笑。要記住活在每個人身上的是和你我相同的性靈。

不管面對什麼事，我都不會說「絕對不行」。

一旦決定好自己的態度，接下來就可以安心的鬆口氣。

以身作則對好人來說是固然是絕倫的大好事；但對壞人來說，它的害處是無以復加的。

模範比教訓更有力量。

一個好的榜樣，就是最好的宣傳。

工作上的信用是最好的財富。沒有信用累積的青年，非成為失敗者不可。

世界上每 100 家破產倒閉的大企業中，85 家是因為企業管理者的決策不慎造成的。

猶豫不決固然可以免去一些做錯事的可能，但也失去了成功的機會。

授權並信任才是有效的授權之道。

三流的點子加一流的執行力，永遠比一流的電子加三流的執行力更好。

不管面對什麼事，我都不會說「絕對不行」。

不管多麼偉大的企業，都必須仰賴員工各自貢獻才能和力量，才能創造出輝煌的成果。

21 世紀，沒有危機感是最大的危機。

絕不能在沒有選擇的情況下，做出任何重大決策。

欣賞別人，是一種氣度，一種發現，一種理解，一種智慧，更是一種境界。

一個人有無成就，決定於他青年時期是不是有志氣。

學管理就是這麼輕鬆：

精彩案例、哲人妙語、精闢分析，二十四堂管理課讓你成為上司最青睞、下屬最信賴的好主管！

作　　者：徐博年，趙澤林
發 行 人：黃振庭
出 版 者：財經錢線文化事業有限公司
發 行 者：財經錢線文化事業有限公司
E-mail：sonbookservice@gmail.com
粉 絲 頁：https://www.facebook.com/sonbookss/
網　　址：https://sonbook.net/
地　　址：台北市中正區重慶南路一段六十一號八樓 815 室
Rm. 815, 8F., No.61, Sec. 1, Chongqing S. Rd., Zhongzheng Dist., Taipei City 100, Taiwan
電　　話：(02)2370-3310
傳　　真：(02)2388-1990
印　　刷：京峯彩色印刷有限公司（京峰數位）
律師顧問：廣華律師事務所 張珮琦律師

定　　價：370 元
發行日期：2022 年 10 月第一版
◎本書以 POD 印製

國家圖書館出版品預行編目資料

學管理就是這麼輕鬆：精彩案例、哲人妙語、精闢分析，二十四堂管理課讓你成為上司最青睞、下屬最信賴的好主管！ / 徐博年，趙澤林著 . -- 第一版 . -- 臺北市：財經錢線文化事業有限公司 , 2022.10
面；　公分
POD 版
ISBN 978-957-680-520-2(平裝)
1.CST: 管理者 2.CST: 企業領導 3.CST: 組織管理
494.2　　111015158

電子書購買

臉書